里旭的梦想人生幸福课

里　旭　著

中国社会出版社
国家一级出版社・全国百佳图书出版单位

图书在版编目（CIP）数据

里旭的梦想人生幸福课／里旭著．—北京：中国社会出版社，2017.7

ISBN 978-7-5087-5718-6

Ⅰ.①里…　Ⅱ.①里…　Ⅲ.①成功心理—通俗读物　Ⅳ.①B848.4-49

中国版本图书馆 CIP 数据核字（2017）第 161399 号

书　　名：里旭的梦想人生幸福课
著　　者：里　旭

出 版 人：浦善新
终 审 人：李　浩
责任编辑：陈　荻　　**责任校对：**陈　蔚

出版发行：中国社会出版社　**邮政编码：**100032
通联方式：北京市西城区二龙路甲 33 号
电　　话：编辑部：（010）58124864
邮购部：（010）58124845
销售部：（010）58124848
传　真：（010）58124856
网　　址：www.shcbs.com.cn
shcbs.mca.gov.cn
经　　销：各地新华书店

中国社会出版社天猫旗舰店

印刷装订：中国电影出版社印刷厂
开　　本：150mm×230mm　1/16
印　　张：16
字　　数：200 千字
版　　次：2017 年 8 月第 1 版
印　　次：2017 年 8 月第 1 次印刷
定　　价：39.00 元

中国社会出版社微信公众号

目录 CONTENTS

第七章　他们都在做自己喜欢的事情

第一章　梦想起航　改写人生剧本

如果没有认真年轻过　那就认真地老去

现在的自己是过去无数个选择的暂时结果，因为接下来的选择还会继续影响人生剧本的走向。

如果你想让自己的人生体验有所不同，那么第一步就是坐下来好好反思一下过去，既从自己的视角也从别人的视角回望、审视、发现自己的过去。如果不是人生中发生了重大事件，一个人的观念和心智是很难改变的，你过去众多的选择也具有一定的规律，要知道一个人的性格在 6 岁以前就基本定型，这也就是人们常说的“三岁看到老”。

所以梦想起航的第一步就是反思自己的过去，我也将以我为蓝本进行回顾，一起穿越时空回到二十几岁的小里旭，我会以本人和别人的视角来发现和观察自己。你也可以在路边电话亭进行自己不同时空的对话，电话亭更像穿越时空的场所。换一种思维和心智，从不同的层面看自己，好好思考每个年龄自己的人生里都发生了什么事？哪些算是节点性事件？是自己还是别人给自己做的选择？之后都产生了怎样的影响？哪些选择中有连接效应？你有什么发现？你需要找出几张白纸，每张纸上写上年份和年龄，写下你的思索和发现，也可以打开 word 文档，认真地回忆着过去的种种。

我将做你的一面镜子，也是你人生的另一种选择，在我的经历中你也可以看到自己，好比在分叉路口，我如果往左走你往右走，看看我的选择也许对你有启发作用。在你的时空穿越旅行中你可以既做当事人又做观察员，暂时抛开你的金钱、债务、身份和迷茫，只是以纯粹的自己，完成一次自我探索的旅程。

有一句话在看接下来的文字和自己做回顾时要经常问自己："我有什么启发？"在平时的生活中也要多给自己暗示，多找到几个开关，让自己的灵感、想法、创意从脑中流出来，而不是麻木地看什么听什么吃什么都没有知觉，你需要让自己的灵魂鲜活起来，接下来的人生才会有所不同。

2008 年　20 岁里旭

高考那年我毫无疑问的失利了，我非常自卑，连复习的勇气都没有。对未来没有想法和目标，不知道自己未来将遇见什么，也从没有认真思考过，颓废而无知地耗费着仅有的一次青春。

因为大学是随便报考的学校，所以从学校到专业都不是我喜欢的，而我喜欢什么也没有思考过这个问题。

刚上大学的第二年，放假周末会出去打工想存一点钱：发宣传单、卖电视、做市场调查问卷、应聘电视导购主持人。那个时候还抱着这样的幻想：如果攒够了一笔钱，说不定就可以带父亲去国外做手术。2008 年 8 月父亲去世，第一次感觉到生命的脆弱，也对人生开始了思考。这件事几乎改变了我的一生，让我对活着有了新的认识。

当时所在的大专院校，周围大部分同学都想当公务员，很多同学都在准备考公务员或是实习。

观察和发现：

1. 高考时选择什么专业及未来从事什么行业不是在几天内思考的事情，而是过去十八年该思考的。担任这项任务的除了自己，父母应该起到点燃的作用。与其给孩子买玩具买衣服，不如早早点燃他的灵魂，帮他开拓眼界。

2. 因为没有选择自己喜欢的学校和专业，导致后来上大学后浪费了很多时间。如果你也一不小心选择了一所不喜欢的大学和专业，不应该放任自己不管，要想尽一切办法去改变，才能将错误降到最低。

3. 学习是一辈子的事情，不要因为一时的选择失误就垂头丧气。

4. 如果父母没有帮到你，不要责怪他们，因为他们的父母也没有帮到他们，他们尽力了。而当你灵魂开始觉醒，要过自己想要的生活，要成为自己想成为的自己时，其实你已经出发在路上了，到达也只是早晚的问题。

你有什么启发呢？你有什么发现呢？

2009 年　21 岁里旭

身边的同学开始纷纷去政府机关实习，准备考公务员。大家都开始行动起来了。操场上准备警察公务员考试的同学也每天都会去操场跑步。我装模作样地准备专升本考试，也算是给自己找了一个目标。和闺蜜一起复习，她意念比较强烈，而我只是碰巧在没有目标的时候想找了一个突破口。考试后结果不出意料，闺蜜考上了，而我以失败告终。

那段时间我比较颓废，不注意身体健康不爱惜自己，走不出父亲去世的阴影。一到晚上就经常躲在被子里听悲伤的音乐，哭泣。可以说2008年到2010年，我的青春是颓废的、灯是不亮的。但是正因为我走出了那段悲伤的日子，才蜕变成了日后坚强的自己。

观察和发现：

1. 有时候你努力的目标根本就不是自己的，你只是别人实现目标旅途中的陪读，订立目标的时候问问自己："这是不是你自己想要的？还是别人的？"

2. 即使是专科院校也有人过了英语六级，也有人拼命地努力。无论在哪里都会有人努力有人不努力，有的人奋斗有的人打酱油。

3. 所有当时你认为过不去的艰难都是一堂堂课程，一旦跨过去以后，很多事情都变得没那么难。

你有什么启发呢？你有什么发现呢？

2010年　22岁里旭

这一年我的人生继续随波逐流。毕业后，有的同学回老家结婚，回老家考公务员，有的留在公安局实习，有的朋友坚持了六七年考公务员，因为热爱继续坚持做了协警。这一年的里旭也莫名其妙地去公安局实习，不过那一年已经有实习工资了，500元左右。后来从公安局出来进了一家小培训公司，做了课程顾问。其实也就是销售，卖的东西是HR资格考试的培训。

曾因为做错一点小事被老板劈头盖脸地骂很长时间，也因此埋下种子想进入大公司或者大都市里的企业去看一看。

年末回老家，辞去了工作。

观察和发现：

1. 直到这一年才开始思考未来的问题，虽然开始得很晚，也好过没有开始的强。

2. 很多时候我们习惯了随波逐流，直到环境实在待得难受才想要改变。

你有什么启发呢？你有什么发现呢？

2011 年　23 岁里旭

那一年上半年都在家准备公务员考试，内心没有一点激情。我以为做个公务员在家陪母亲，安稳的一辈子应该是女孩的好归宿了，但其实我根本就不了解自己，总是帮自己随便做了选择。我其实骨子里不是很爱做公务员，觉得比较枯燥，考试复习也准备得不认真，文化课比较差，重新补比较难，因为公务员考试是全方位的知识考察，是多年的积累，过去我欠了很多债，内心也没有强烈的欲望去达成这件事情。所以公务员考试注定失败。

2011 年 23 岁，觉得人生已经有点老了，再不快点行动就来不及了，脑子里有很多的应该，比如应该找一个靠谱的公司最好是大公司，哪怕从基层做起也是开始。

那一年站在老家的窗户前对自己说："我想要遇见更多的美好！"于是就这样我重新开始了一种人生：2011 年 6 月 15 日一个人去北京。

观察和发现：

1. 别人都觉得好的东西其实并不一定适合你。

2. 骗谁都骗不过自己的内心。

3. 有的人开始得早，有的人出发得晚，就像我都已经 23 岁了才开始反思，才开始探索未来，打算为自己活，倾听自己内心的声音。

你有什么启发呢？你有什么发现呢？

2012 年　24 岁里旭

和所有小北漂一样，什么都没有的我们，一开始注定要吃点苦头，这些都不是偶然的发生，也别去怨天尤人，一一接着就是了。

住筒子楼，居住环境差，疯狂投递简历，找不到工作，找到工作被辞退，自责懒惰迷茫又充满希望。看似暗无天日的北漂生活，一个人兜兜转转，但是所有这些起码证明了你是一个有知觉的人。那一年我脑子里一直盘旋着一个想法：来不及了！要赶快进入一家好的公司发展，哪怕从最基层开始。逼着自己快速起航找到目标，想尽快看到成绩，也让母亲安心。

观察和发现：

1. 年轻的时候总是火急火燎，总是想证明自己。而长到一定的年龄，例如 30 岁，却也在不时地提醒自己：要慢下来！不着急！一切都才刚刚开始。

2. 人的目标和想法是会变的，年轻时觉得要命的事情过后都可能变成与人谈话时嘴上云淡风轻的一句回忆。

你有什么启发呢？你有什么发现呢？

2013 年　25 岁里旭

顺应 24 岁的心愿，找到了一份类似销售的工作：猎头，有挑战，但门槛低，做不完的工作忙不完的指标，天天加班快到流鼻血，365 天无周末地循环滚动着。我和工作谈恋爱了。

观察和发现：

1. 选择猎头工作是有原因的，因为高考失败，总是跃跃欲试想重振自己，虽然过去经历那么多次失败可是并没有绝望到否定自己。

2. 工作是个好东西，可以帮助自己找回信心，可以修炼你的品格，磨炼你的心智。没有烂工作烂公司，只有不求上进的自己，在哪里都能学到东西，哪怕是和自己学。

2014 年　26 岁里旭

继续没有趣味的生活，加班到流鼻血，日日晚归，不逛街不淘宝，不买衣服（也没钱买衣服）。

开公众号利用公众力量监督自己，开博客认真写作。

观察和发现：

1. 年轻时总会有一段时间忙得像陀螺，但是无论再忙也要抽时间从高处看看自己都在干什么。

2. 忙得起来也慢得下来，让身体去工作心不要太累，一张一弛才能长久。

你有什么启发呢？你有什么发现呢？

2015 年　27 岁里旭

创业了，想完全地掌舵自己的人生和时间，想要完全的自由，不被时间、社会、工作所束缚。

创业初期陷入焦虑的自己，走出来豁然的自己，开辟了一条新路的自己，所有好坏的经历都要接受和感恩。

观察和发现：

1. 在创业之前就要接受各种失败后的样子，做好心理准备。

2. 创业资金要提前准备好，以防止意外发生。

3. 粗暴地将自己推荐到一个未知的领域，虽然受了很多苦，但是如果重来一遍还是会如此选择。

你有什么启发呢？你有什么发现呢？

我们也可以像记录自己新闻一样将节点性人生事件做回顾：

2007 年　19 岁我高考失利，不愿意复习怕考不上，于是上了一所离家很远的大专学校。

2010 年　毕业在政府机关实习几个月，觉得那份工作一点都不喜欢，对未来也没有多少想法。

2011 年　我从海南大学毕业回到老家。考公务员失败。

2010 年　我的一篇文稿被《海口晚报》评为三等奖，获得了一台豆浆机，这是文字第一次被社会认可。

2011 年 6 月 15 日　开始了一个人的北漂，向新的生活迈进了一小步。

2011 年 7 月　租了第一个小屋，400 元每个月，不管它好不好都是我的家。

2011 年　开始北漂后我找的第一份工作是美发杂志编辑，三个月后没有通过试用期。

2011 年 11 月 8 日　终于找到了一份安定的小行政的工作，2500 元每个月，停止了兼职和不停面试的奔波。

2012 年　我写的一篇旅游介绍短文收到稿费，这是第一次用文字赚到了钱，得到了社会的认可。

2012 年 8 月　裸辞，我想要改变，不想做行政，想做有挑战的工作，在安逸生活里的风险比在风险生活里的风险更大。

2012 年 9 月　参加了一次电视招聘节目，第一次把自己往外推，我想要改变。

2013 年 12 月　跟公司去新马泰旅行，25 岁第一次出国游，这一年我开始选定职业方向，从事猎头的工作。

2014 年 6 月　辞职，一个人去西塘旅行。

2014 年 6 月 16 日　转行互联网行业，入职一家新的公司，我做猎头。

2015 年 2 月　我写的一篇早起文章发布在晨型人公号，在朋友圈很受欢迎。

2015 年 2 月　杂志社编辑找我约稿，27 岁第一次上了杂志。

2015 年 2 月　“北京趁早”公众号准备发布我的文章。

2015 年 5 月 15 去举贤网做分享了，居然这么受欢迎，出乎我的意料哇……

2015 年 7 月 28 日 印象笔记官方发布了我的一篇文章。

2015 年 12 月 17 日 从猎头公司离职，开始自由职业。

2016 年 我出版人生第一本书《四点钟起床的猎头》。

2017 年 跨年，被邀请去罗辑思维北京分会分享。

反思过往人生关键节点性事件

节点性事件是人生各处插的小彩旗，因为当下我们的一个选择，才具有蝴蝶效应地展开了接下来的生活。若你不知道未来的导航，多认真反思过去，即使暂时找不到要起航的梦想也会对接下来的人生选择更加负责和认真。

记得多问问自己：

❖为什么会发生这样的事情？

❖当时你为什么会这么选择？之后都产生了怎样的影响？

❖哪些选择中有连接作用？

❖你发现了什么？你有什么启发？

我的节点性事件总结

一、高考失利：

2007 年高考失利，如果有勇气复读人生也许会全然不同，那个时候自卑懦弱压抑懒惰，这不是一天两天积累的而是多年来的累计。这是高考失利发生的根本原因。

其实我直到 2017 年才想明白自己想要学什么专业：服装设计和汉语言文学。

兴趣和爱好对一个人未来发展很重要，如果你已经做父母，你要帮助小孩发现他的天赋、开阔他的眼界，而不是总满足物质需求和拿他与别的小孩比较。

发现：

因为高考失利选择了一所专科院校，以至于后来到北京求职的时候，被一些招聘公司硬性条件排除在外，使没有人脉没有好学历敲门砖的我绕了很多路。学历是求职的敲门砖，是证明过去你一段时间内很努力，并不代表人生的全部，学习才是一辈子的事情。进入一个好的大学也是为了多认识一些积极的人，我的同学遍布全国各地，大部分都是和我职业不相关的，以至于来北京后我一个人都不认识，能一起商量的人都没有。这些都是因为一件事情而发生的连锁性影响，所以不要小看当下的每一次选择。

二、政府机关实习

我不喜欢上班也更不喜欢在政府机关上班，但我还是浪费了很多时间去实习。然而任何事情都是有用的，起码证明了自己不适合待在那里。我记得那时实习单位有两个公安大学毕业的师哥，做了一段时间刑警就辞职砸了铁饭碗，我很佩服，身边的很多人都在争抢铁饭碗，他们却主动放弃了这碗饭。

发现：

我明明不喜欢公务员，还回家参加考试，又浪费了很多时间。究其原因是对未知的未来迷茫，又没有勇气自己去开拓，于是跟随很多人的脚步去人云亦云，做别人的影子。我们总是容易被社会的价值观绑架、被父母的爱绑架、被安逸绑架，心甘情愿地做他们的人质。直到有些枷锁使自己喘不过气才想要反抗挣脱牢笼。

如果你现在也有同样感受，我想说，恭喜你，只要灵魂先自由，其他的都会慢慢自由，也会慢慢好起来的。

三、美发杂志编辑

刚到北京找到的第一份工作是一家小美发杂志社的编辑，之前看的一些电视剧，潜意识中就觉得自己身上可能也会发生这样或者那样的事情，也会被五光十色的北京和时尚圈所迷住。殊不知，即使在这行业也是要文学功底和踏实工作的。即使在缤纷的娱乐圈，也是需要很努力地奋斗。我飘在最上层，脚下也没有努力地划水，加上之前也没有什么积累，3 个月就被辞退了。这是北京给我上的第一堂课：好好走自己的路！也没有什么是过不去的。

发现：

这件事情给我的影响是，以后无论做什么样的工作都要很认真。

四、小行政前台工作

那个时候我在一家小公司做前台，因为被美发杂志开除后需要找一份稳定的工作以解决生存的问题。但是我仍然不满足于现状，觉得是在浪费时间，我又不知道要做什么？对未来也有很多迷茫，我的一些时间是花在了迷茫和寻找上。因为没有什么人可商量，养成了自己和自己对话的习惯。

发现：

任何一份工作无论在哪里都能学到东西，无论是大公司或是自己一个人公司的自由职业，没有浪费时间的工作，只有浪费时间的自己。当时我也在私下学习人力资源的课程，但是由于我东张西望不满于现状，心没有好好沉淀下来去学习。就像上大学的时候一样，并没有心思去学习那些枯燥的法律。其实，把心沉淀下来学什么都是有价值的。

后来我因为不满足工作的现状，便打破安稳的生活，辞职后想去接受更大的挑战。于是，我的人生开始朝着另一个轨道发展。

五、进入猎头行业

误打误撞进入猎头行业，猎头工作满足了我当时的需求：挑战的工作；想要学习补充知识；无上限的提成，努力就能赚到钱；相对公平；门槛比较低。

做了猎头之后，我变得特别忙，有两年的时间过得很煎熬，但是也正是因为这段繁忙的日子让我的能力得到迅速提升。三年后我也出了本关于猎头的书。

猎头行业让我遇见了更好的自己，我很热爱这份职业。

发现：

如果我当时没有进入猎头行业，后来也可能不会出书。如果我一直在猎头公司做顾问，没有自己出来创业，也可能没有心思和精力出书，因为做猎头很忙经常一门心思扑在业务上。这就是蝴蝶效应。

六、开公众号

2014 年开公众号，开始持续写作，2016 年出书时候，当时文字累计量 40 多万。据说坚持三年，写作积累 40 万字是出书的门槛，很多人都在这个槛上出了书，不信你试试。

发现

1. 公众号是个人名片，有时候省去了很多话语的介绍。因为 2014 年以后积攒的信用，2017 年我的品牌课程才顺利上线。

2. 努力是基础；做自己喜欢的事情坚持才变得容易；你只要开始就好了不用想太多；写作重在故事不在技巧，学习别人的文字的灵魂而不仅仅是技巧。

3. 有时候要做一些顺应时代的发展的事情，顺势而为比较省力。除了低头扑在梦想上，也要抬头看看周围的环境，看看可以用哪些现代人的工具为自己铺路和助燃。

七、自由职业

2015 年 12 月份，我觉得自己到了一个猎头工作的瓶颈。我非常不想上班，无论拿什么诱惑性的奖励都无法勾引自己像以前一样引擎全开。我以为是公司的原因，于是决定辞职，可是换了一家公司后仍然没有作用。问题的根本在我自己身上而不是外在。我想时间更自由一些，这样就可以去实现其他的理想做喜欢的事情了，于是在没有想好接下来该如何确定生活创业的方向的时候，就踏上了这条路。至于在创业和自由职业这时的心得体会，我会在后边给大家具体分享。

发现：

1. 第一年是辛苦的，但是到第二年之后就有种豁然开朗的感觉。因为自由职业的时间弹性我得以全力以赴在出书这件事情上，也有了时间开发自己的其他兴趣爱好。

2. 这是我人生的一个分水岭，从天天上班到给自己上班，很多灵感和想法开始不断诞生。

3. 建议打算创业的人之前要先想好生存问题的解决办法，不要像我这样很艰难。

4. 方向也只能想好部分，剩下的留给市场和变化。随着环境和自己心境的变化你的创业方向也可能会随时调整。

八、出书

因为出书我得到了一些机构的邀请演讲；认识了很多新的朋友；进入企业做内训；微信公众号增长了大量粉丝；个人简介上也多了“作家”两个字。

2014 年开公众号也不可能有现在的书，因为平台上许多朋友的等待陪伴，让我有了坚持下去的动力。

发现：

1. 我的青春虽然有很多坎坷，吃了很多苦，但这些都是给我上的课。我从来都没有对自己太多抱怨，而是不停地寻找解决办法。活在行动里比活在抱怨里有希望。

2. 这些一次一次的尝试让我一点点地找到了自己。

3. 当你开始对自己的人生认真，认真对待每一个选择，每一个细小的事情，认真对待每一个朋友，你的整个人生就开始往好的方面发展，因为积累让自卑的自己变得逐渐完整，自信逐渐恢复。

4. 人生的所有经历是为了找回最初的自己：勇气、力量、对一切事物好奇、无所畏惧、创意无限的小孩状态。

随我时空穿梭里旭近十年的人生剧本，若你自己同样也随我一起作了反思和总结，相信你也同我一样会有许多人生感悟。

很多人和我一样都没有好好认真年轻过，但是我们依然可以一起认真地老去。或者虽然身体在老去，但是内心至死都是十八岁。

找到自己，找到梦想，开始梦想起航没那么容易，不是像有些培训和书籍那样找张纸写上想实现的梦想然后制订计划。有些人或许都没有这个正式的步骤，仅仅是从一个选择开始人生已经在悄悄变化，连自己都没有发现。也有些人为了给自己快速找个目标好安心，就被身边人怂恿定了一堆目标，然后被洪流社会不知道冲到哪里去了，以至于后来即使梦想成真也没办法拯救自己的不开心，因为从一开始就是错的。这也是为什么一开始我没有快速进入梦想计划制订而是启发你翻看过去的人生剧本，制订计划简单，找到要制订什么却是一辈子应该不断问自己的！你要什么呢？

每个人周围都会有一堆烦心事和现实的无奈，我们都一样，没什么不同，一路跌跌撞撞，彷徨又无助，跌倒又爬起。经历了许多之后才幡然醒悟，要不被社会的条框束缚，即使是翻山越岭、特立独行也要遇见想成为的自己！

改写自己人生的剧本前，你需要让自己“鲜活”

我身边有许多人年纪轻轻不到30岁就车子房子事业都有，但是内心却不快乐，看来，有钱并不能拯救自己的无趣和不开心。

还有许多人准备创业或已经创业却发现自己没什么目标和想法，仿佛所有事情都激荡不起内心的火花，永远那么淡定。

有的女孩怕成为剩女想抓住青春的尾巴，怕自己嫁不出去，就找了一个和自己价值观没什么交集的伴侣，临近结婚还一面想着自由一面应对婚姻的柴米油盐。

早上刷牙的时候想着上午的工作，工作时又想着休假，吃饭时又想着工作，总是活在过去和未来。吃什么看什么遇见什么朋友都已经很久没有知觉，感官已经麻木掉了。以前有时候一部电影就能感动得泪流满面，一首歌就能鼓舞自己，到现在已经很久都没有被什么电影和书籍感动到了。如果你自己都不是鲜活的，不能提前体会到一个梦想实现后带给你的体验和震撼，有什么力量又为了什么去坚持呢？

你是想做草原上自由飞奔的骏马，还是做赛场里为了博得观众的眼光一圈圈围着跑道奔跑的赛马？开跑、拐弯、加速全都由别人控制，吃的食物、交配的对象，居住的环境虽然都不用你操心，但就剩等死了。哪天你跑得不快，没有价值还费粮食，人们可能随时终结你的生命。

做自由奔腾的骏马当然有危险，可能会面临饥饿，被其他野兽攻击，被同类鄙视，但是与这些危险相对应的是自由。你跑的每一步都是自己想跑的，往左往右往前往后，可以风驰电掣，可以慢慢悠悠，为找到的每一点食物而开心，也为每天看到不同的新的风景而震撼。生命是鲜活的，不被区区马场束缚，不会被别人定义，哪怕明天遇到什么未知的危险也不会后悔，生活不是重复日子，而是活一天就赚了一天。

《孤独的美食家》讲述的是一名个人经营进口杂货商店的男子井之头五郎，在工作间隙前往餐馆当中吃饭的场景的故事。这部电视剧最吸引人的是五郎吃饭时的内心独白，全然投入到当下每一口饭带给自己味蕾的享受。吃饭的时候就是单纯的享受食物带给我们的美好，这才是完全的活在当下。

其实，每个人曾经都是鲜活的，都曾充满好奇心，无所畏惧，自由自在，那就是我们还是小孩子的时候。那时，还什么都不懂不知道何为阶级？也懒得和别人比较！每天最重要的事情就是探索。开心的时候哈哈大笑，难过的时候呜呜哭泣，只要想开了也从不纠结在心里，能马上雨过天晴。对这个世界充满了兴趣。什么时候开始变了呢？身边第一个伴你成长的人价值观的影响、不良的教育、成长的环境、一件一件累计的人生事件等都会一点点抹煞一个灵魂的自由成长。后来我们也长成曾经讨厌的大人，也开始教育孩子，灌输世俗的价值观，一代又一代地无趣下去。

《Alike》是一部很有深意的动画片，讲述的是一对父子，每天儿子准备上学父亲准备上班，两人都拥有属于自己的颜色，爸爸在枯燥的工作中逐渐流失了颜色，唯有拥抱儿子的时候才会瞬间被治愈，颜色得到恢复。然而儿子却在填鸭式的教育中，失去了对世界的好奇心和活力，身上的颜色逐渐褪掉，变得和其他人一样没有颜色。这所城市中连房子都是白色的，街上人很多人也都是白色，一副生无可恋的样子。面对颜色越来越浅的儿子，机械重复的生活也让父亲意识到只有让儿子自由快乐的成长、成全他内心的渴望才会有所不同。生命原本是有颜色的，每个人原本也都有属于自己的颜色，只是不良的教育和日复一日压抑环境的熏陶，扼杀了很多鲜活的生命，使他们变成了像动画片中街上许多毫无生气毫无颜色的人。

勇气、无畏、好奇、探索、奇思妙想、没有束缚，很多人穷尽一生都在找回丢失的颜色。

为什么游记那么受欢迎？辞职旅行离开熟悉的环境，踏上未知的旅途，潇洒的背后隐藏着许多人羡慕和曾丢失的勇气。你关注的人，你心目中的榜样人物，他们有一点是相同的，就是做出了你想实现却不敢做的事情，他们替你实现你想实现的心愿，看见他们开心的样子自己也会跟着开心。

那我们怎样让原本的颜色复活呢？怎样让自己变得鲜活起来呢？

其实你能买这本书，文章读到这里，证明你内心是不抗拒的，也是想让自己变得不一样。

如果做一件事情之前有了动机和意愿，头脑中有了实现之后的画面，你已经鲜活一半了。

心灵的枷锁，心智的改变，思维的转换这些改变其实很难，因为没有颜色不是一天两天了。我曾经活得也很压抑，什么都不敢，自信的砖瓦也是我一片一片捡回来的，和内在自责的自己和解，让体内的小孩一点一点恢复颜色，不让他受外界的影响，恢复往日看世界的好奇，这条路我走了十年。虽然现在也没有完全的鲜活，但是好歹怕的东西变得越来越少，不怕的变得越来越多。

读书、电影、旅行、工作、恋爱、与精彩的人交流、和小孩子交流、美食、看话剧、听音乐、画画、陶艺、缝纫、运动……

所有你能想到的，你愿意尝试的，你感兴趣的都可以去体验，别把自己当成一本正经的大人，偶像包袱不要太重，尽情地去打开自己，这些外在的虽然都是让你被动地接受，但是起码可以让你身心变得愉悦，让自己处在放松的状态中。要知道一个人长期处在压力状态中怎么会产生新的灵感和想法呢？要有觉察的能力，多听听自己内心的想法，你开心不开心只有你自己最清楚。

《与神对话》中曾提到：所有人类曾经作出的自由选择，都必定出自于这两种思维中的一种，要么是爱的思维，要么是怕的思维。怕是收缩、封闭、攫取、抛开、隐藏、独吞、伤害的能量，爱是扩张、开放、赠送、停留、敞开、分享、治疗的能量。所有人类的思维、话语或举动要么基于怕，要么基于爱。这一点你们别无选择，因为除此以外没有什么好选的了。但至于选怕还是爱，你们可以自由决定。

如果留意身边那些快乐的人你会发现，他们的能量场都很高，爱比怕要多，他们分享、敞开、开放，快乐地生活着。越是敞开越是吸收更多的正能量，你收到的会是你散发的几倍。而当你封闭害怕伤害自己，外面的能量进不来，只能消耗自己仅有的爱，长期会处于压抑低能量的循环，你给自己建造了一座围城。

这就是为什么鲜活的人总能碰到好事，哪怕看一部电影，也能产生很多奇思妙想，身体各处感官是打开的，任何一个小小的信号雷达身体都会听见看见闻见。别人也愿意接近你，因为和你聊天总是很放松，哪怕看你的朋友圈也会受到好的影响，怎么不会有好事发生呢？

改写自己接下来人生剧本之前，你需要让自己鲜活起来，若不是这样接下来的选择可能依然没有颜色。想一想，你会选择怕还是爱？选择没有颜色还是色彩斑斓地活着？

旭答关于北漂和现实的10个问题

1. 为何走上北漂这条路？在北京到底要追寻什么？

旭答：

为了想看看这个世界，想遇见更多的美好。我从没想过在北京一定要追寻什么，在哪里都要好好生活，只不过在北京相对公平一些，资源多一些。我做猎头在北京见候选人相对容易些、玩缝纫买布料也有地方，和我一样爱好的嫂子她在大连，她那里就只能靠淘宝，不能亲身去现场采购。

2. 实现梦想一定要去北上广吗？

旭答：

实现梦想不一定要去北上广，如果你知道自己要什么会比去北上广更有意义。

3. 当初觉得那么好无论怎么都要来的城市，现在在你眼里还是那样闪闪发光吗？

旭答：

是的，我无论到哪里看什么风景都是闪闪发光的，我眼睛里都是好奇。

有时候看见在厕所清洁玻璃的阿姨把一块玻璃擦得很亮，都会问问她是怎么做到的。

4. 北漂时有没有很艰难的时候呢？是如何度过的呢？

旭答：

北漂一直都很艰难，没有哪刻实现哪个梦想是不艰难的。正因为那些艰难，梦想成真后才更加喜悦。

没有绝望的处境，只有对处境绝望的人。很多哲学家都表述过：人，生来就是受苦的，正因为苦痛不少，我们才能真切地感受到偶尔的甜美。

我不会让自己陷入当时的艰难里，眼里永远都是看向远方的风景。

当你越来越觉得艰难都是正常的，偶尔的顺利可能还不习惯呢。

5. 刚毕业的大学生，是留在家乡的城市还是选择去大城市发展好呢？

旭答：

好和不好是因人而异的。

假设你的目标是做互联网，把公司设在小城市和中关村肯定是不一样的，在有些咖啡厅和小沙龙随时都能听到人们讲最新的行业信息，这是网上查不到的。

如果你的目标是做猎头，在大城市和小城市也是不一样的。做同样的客户去见面，见候选人和不见也是不一样的。

也有很多大学生留在自己家乡，做出一番事业。如果你的志向只想过平平淡淡生活，在哪里都无所谓。没有谁规定一定要怎样，都是自己的选择。

6. 父母给过你压力吗？是如何排解的呢？

旭答：

当然。我曾经确实受他们的影响，父母给你的压力前提都是为了我们好。

确实有些中国父母挺能逼孩子的，因为他们从前也是这么被逼，压抑着长大的。

一个人是很难改变的，除非经历了很大的人生事件。

我们要有化压力为动力的能力，当自己的生活过得越来越好，这时你会发现父母给的压力就越小。

所以你要努力啊！越强大就会越自由。

7. 现在做着一份自己不喜欢的工作，又不知道喜欢什么擅长什么，该怎么改变呢？

旭答：

首先有反省就是好事，想改变也是好事。因为只要出发就会到达。

其实大多的工作认真起来都差不多，有些行业例如娱乐圈，看似五光十色，但也是需要不断努力的。能将自己喜欢的事业和工作结合起来挺不容易的。

不知道自己擅长什么，如果你已经开始工作了，年龄也应该有二十几岁了。你擅长什么喜欢什么不是一两天不知道了，十多年来都不知道。许多中年人压力很大，上有老小有小，他们转型做自己喜欢的事情更难，因为有经济压力。

如果你现在是单身，那么恭喜你，你有很多时间去改变。

你需要恢复感官，你需要让自己鲜活起来才能知道自己对什么有感觉，多去尝试多去发现多了解自己，别那么功利，多培养几个爱好。将爱好玩到一定高度你自然知道该干什么了，唯有热爱才会坚持，不断推陈出新。

8. 你是如何调节工作中的压力，重新找回生活动力的呢？

旭答：

做任何事情要有知觉和感受，工作中取得的细小进步只有你自己最了解，要学会为自己鼓掌。即使是大人也和小孩子差不多的，要多鼓励和夸奖。

我的动力不仅仅来源于工作，所以从没有过崩盘没动力的时候。

工作中的磨难和起落都是很正常的，没必要失败两下就哭天抢地的。

每经历一次磨难内心就强大一点，慢慢地，你会发现无论生活和工作中没什么大事，除了生死都是小事。

9. 不认可自己，觉得自己有很多缺点：拖延、情绪化、爱憎分明、做事没什么长进、容易三分钟热度。

旭答：

你自卑是因为过去没有怎么努力过，对自己的肯定很少。你没有让自己越来越好，还责怪自己不好，你自己该多可怜啊！

我也是从这条路走过来的。有时候甚至不想和自己待在一起，因为对自己失言太多次了。

不过，开始较劲也是好事，所有事情的发生都要看成是机会。这说明你开始反思自己的种种，也说明你是一个活的生命，还有情绪。你拖延的侧面也说明了不着急，没给自己那么大压力。

做事三分钟热度好的一面是你还有三分钟的热度呢！

人不可能一下子变得特别好，那样多没意思啊！

10. 20 岁最重要的是面包还是爱情？

旭答：

20 岁最重要的是找到自己，无论爱情面包来或是走，都是锦上添花不是雪中送炭。

第二章　找到你的天赋和爱好

一块一块找到自己的“积木”

你梦想到达很多令你怦然心动的蓝景图，但是你目前平凡的小生活其实是很多的梦想的开始。

我们本就一无所有，出生时一丝不挂，离去时也被烧成一把灰。

但是在这个美丽星球上你却能在短暂的100年内体验到许多美妙。我们许多人的关注点往往落在你想拥有的，却不曾珍惜身边唾手可得的幸福上。就像爱情中有人喜欢去征服那些充满未知的爱情，却对身边唾手可得喜欢坦白心底最真诚话语的平凡爱情不屑一顾，回过头来绕了一大圈还不是要找一个真诚坦白的人。

你能看见，你能听见，你有味觉，你能跑能跳能大声唱歌，能快乐地跳舞，有一份稳定的工作，能谈个小爱情，失恋，结婚，智商正常，你还能呼吸，能看自己喜欢的书……所有这些看似平凡的生活却是许多人毕生追求的梦想。

《叫我第一名》中，布莱德患有先天性的妥瑞氏症，这种严重的痉挛导致他无法控制地扭动脖子和发出奇怪的声音。他的梦想是成为一名教师，为了找到一所愿意接受他的学校，布莱德经受了很多来适应生活对他的考验。这是一个真实故事改编成的电影，他比阿甘的故事更真实动人。一个平凡人的梦想，毕生都在和妥瑞氏症如何成为朋友。这个世界上很多人都实现了布莱德的梦想，成为一名教师，也有很多平凡的正常人实现了他只想安静地看会儿书，可以控制自己不发出怪声，像个正常人一样生活的愿望。可是那些成为教师的人可能并没有布莱德做得开心，因为容易得到的东西许多人都没那么在意。

小时候完成积木的人都记得那份喜悦，将一堆五颜六色的积木按照自己的想法堆成一个城堡，最后的喜悦感是不言而喻的。每个人都有自己的积木城堡，有许多珍贵的东西正每天和你出现在同一时空里，只是你已经麻木得假装看不见。你的积木城堡里都有什么呢？他们都是怎样堆砌成一个色彩斑斓的世界？你的世界里都创造和存档了什么？

先分享一些我的积木，就是这些每次只要一想起就觉得自己未来或是现在用，用了就觉得很开心：

自己、家人、爱人、自由、书、旅行、写作、读者、阳光、缝纫机、画笔、花、布艺、大海、美食、健康、吉他、跳舞、本子、电影、日出、广播、探戈、漫画、分享、钢琴、唱歌、早起、拌面、樱桃小丸子、娃娃、阳光、书柜、贴纸、烤箱、大冰箱、猎头、钱、秋千、阳台、奶酪、糖、瑜伽、软陶、种菜、星星、料理机、投影仪、白衬衫、朋友、陶艺、泡澡、胃……

我很感恩自己还有味觉和一个不算太坏的胃，每一次去吃喜欢的食物，在短暂的时间里都好像和这个世界隔绝，忘记了当下生活中的麻烦事，只是在一次食物的交响乐中尽情地享受，体会每一口食物的酸甜苦辣，制作食物背后的用心，就连自己都会忘却，只是专注在味觉一个点上，心和胃一下子就被食物充了电。胃和味觉绝对是我积木城堡中的中流砥柱，它们发挥着房子地基的作用，有了它们我不再惧怕那些麻烦事，只要满足了味蕾仿佛一切都能解决。

一个人、一堂课、一部带给你触动和改变的电影、一本好书。你的世界是你创造出来的！每一砖一瓦都是你一块一块盖起来的。想搭建什么样的积木城堡也由你说了算。不要小看身边那些不起眼的小积木，有时候因为它们的加入让整个房子都变得蓬荜生辉，抽掉它们也可能让这座城堡黯然失色。

记得有位摄影师曾说过：“我们不只是用相机拍照，我们带到摄影中的是所有我们读过的书，看过的电影，听过的音乐，爱过的人。”

有些人的积木已经没有颜色很久了，连他自己可能都忘记颜色了。

有人看了一辈子别人的，迟迟未动手。

有人希望快速搭好，却忘记体会在过程中的快乐。

有人总是看别人的，最后盖成的和别人一模一样，想重做没有时间了。

有人从第一层起就认真斟酌慢慢调整，虽然没有别人绚丽但是很快乐！

有的人搭建前就知道最后的全貌，那是知道自己要什么的人。

搭建积木的第一步：想搭建一个多彩的积木人生，你需要有个动机。

你有想过珍惜自己生命中所有让自己体验变得美好的东西吗？或者是一个风筝，或者是能听见，能看见，能跳舞。让你这次人生旅程体验变好的事物不仅仅是买房买车当 CEO 嫁给高富帅，而是所有一切让你身心变得喜悦和如沐春风的东西！是那些只要想想自己生命里出现的一块块积木就觉得无比的幸福和富有。我在自己的本子的首页曾将所有积木写在空白的地方，每次遇见倒霉的事情就看看自己拥有的，就会觉得老天待我不薄啊，赐予我那么多财富。

让我们一起都好好思考一下，组成自己人生的积木都是什么呢？人生希望遇到什么？希望由什么组成？哪些积木找到一块就开心好几天？哪些是你已经拥有了很久却早都忘记了它在你生命里发挥的价值。

如何找到你的“坚果”

《冰河世纪》中的小松鼠虽然是电影中的千年配角，每次也只有几个镜头，但却是非常的惹人爱啊！小松鼠爱死了坚果，在他的眼里有坚果就是天堂，为了得到一枚坚果，它从不放弃，不管坚果在悬崖峭壁还是掉到湍急的河流中，它都勇往直前、义无反顾地去追寻。执着的精神，追逐的勇气和热情让人佩服，这种坚果精神值得我们学习，对坚果的追逐像极了人们所追逐的梦想。如果我们是那只小松鼠，而你追逐的坚果又是什么呢？你是怎样找到你的坚果找到自己又怎样为了它全力以赴地去追逐？

找到自己和找自己坚果这块我花的时间和精力绝对不输于很多人，曾经的我想从别人的人生智慧里得到启发，有时候也会不动脑筋地直接用在自己身上，直到不良反应后才重新找自己的路。我从 25 岁后就马不停蹄地参加各种线上线下的培训，花光了自己所有的积蓄，也上了一些潜能开发的课程，而经过各种折腾之后，我找到的“坚果”中有的却是曾经儿时的一个爱好玩伴。我们有时候太关注外界的指引，却忘记了自己内心最智慧的声音。

看到别人制作的梦想蓝图华丽夺目，看到别人作的计划严谨翔实，就觉得找到天赋找到自己所爱是一件很翻山越岭的事情。你是不是也曾被一些课程培训、书籍、别人的计划所震撼，然后觉得找到天赋描绘自己人生蓝图这件事应该很难，于是总是对这件事情望而却步？

其实这个世界上有许多人从来就没有画过什么梦想蓝图，从来都不曾想过这种问题，他们不知不觉中已经实现了很多人生目标并快乐地生活着，因为有些东西是习以为常的习惯，谁还会讲解一些习惯呢？这些放大的工作就需要我来做，我要将有些人或者自己习以为常的东西放大给你思考，让你看到一些你做不到、没注意的事情，而别人却用这个自我实现梦想成真。

突破心里设限

人与人大多数是没有什么区别的，无论从上看从左看从右看，测试智商看，或是家庭成长环境，工作的单位等。但是为什么每个领域都有领先的人，他们创造出了别人望尘莫及的成就，被誉为有天赋被人树立为榜样呢？我想有一个很大的不同就是，这类人不给自己设置层层障碍，而你和梦想之间的障碍通常都是你自己。你有自己感兴趣的东西，你根本就知道，因为最了解你的人是你自己，又或者你活得没有自己已经很多年，根本不知道在干什么而飘浮在这个世界，被各种价值观束缚着前行。

举个例子，很多人都能画画，都会画画，许多人在开始之前总会给自己设置这样那样的障碍。儿时感兴趣时有的父母在爱好上帮你的心机太多，帮你考虑帮你规划以至于本来很爱的东西却变得压力漫天，他们是好意，希望你花在这样爱好上的时间能帮你在这个世俗的世界立足，当一件事情多了功利少了随心所欲时就会变得索然无味。于是在你小小年龄时，或是听说别人经历时，潜移默化地就觉得玩一件东西就必须怎样怎样，否则就是浪费时间就是失败的。玩一件东西培养一个爱好变成了目的，在艺术的高度这块自己开始设置心理障碍。许多人不是不能做而是害怕做，害怕如果开始做这件事情得不到什么或者不成功就会浪费了自己的宝贵时间。人们都太忙了，许多大城市生活的人都在忙着买房买车这些带不走的东西以获得所谓的安全感，却对自己很苛刻，活得压抑又无趣。

真正要开始的时候，准备撕掉自己层层的面具，只是一个转身的选择。

长大不过是成人版的游乐园，大人小孩有必要把界限划得那么清吗？你规定自己这个不能做那个不能做！这个一定要怎样那个一定要怎样！30 岁前必须要怎样 30 岁之后必须要怎样！不仅社会在束缚你连你自己也在束缚自己，怎么可能有创意爆发？

记得有朋友说过很羡慕我能做自己喜欢的事情，而他虽然也想但是有这样那样的放不下。还有人给我留言说：“我的梦想就依托你了，你要坚持下去啊！”我不知道别人都是怎么对自己的，我的世界里很少有不能做不许做，大多时间都是问自己：我喜不喜欢？想不想？只要一个东西让我玩得开心，从来都不会考虑日后一定要达到什么高度，要和别人比较。那些现实的问题是等我玩到一定高度时候做的选择，好不容易找到一个爱好像个孩子一样单纯地玩就是了，唯有这种没有太多功利的心态，只是留意自己当下的心情感受精力都放在玩耍上，你创造出的东西才会是与众不同的。至于有朋友羡慕我按照自己的意愿活得很勇敢，这个层面我也从来都没有怎么考虑过，因为我只能这么活，如果抑制我的个性压抑自己，那还不如死了算了，这样的日子和等死没区别，昨天和最后一天都一样没什么不同，有的不过是最后结局都是设定好的，还有什么意思呢？

找到自己的天赋之前请你先放过你自己，它本应该在更广阔的天空里尽情遨游，而你却将它关在笼子里豢养，像是一个乖乖的宠物，有时候连自己的本性都快遗忘。

你的害怕失败，你的比较，你的世俗成功标准使自己在出发前就败阵，让自己活成了许多牵线木偶中的一个，至于你被什么线牵住绑住你自己最清楚或许也心甘情愿。

回忆从小到大所爱

我拥有的“坚果”中有一个就是我从孩童时期就无比热衷的

事情：缝纫。还是小孩子的时候我常常躲在屋子里给娃娃做衣服，不厌其烦地做，还去堂姐家去淘一些好看的布料，光是做好的成品衣服就有一大袋子。那个时候是不会骗人的，想玩肯定就会出去玩，也不缺玩伴，而我居然能耐得住性子做这件事情。后来长大后参加各种补习班，上学放假浑浑噩噩地过了很多年，我现在都很心疼曾经浑浑噩噩的日子，去上补习班的路上回来的路上脸上都是没有表情的，填鸭式的教育也让我沉睡了许多年。我们都在这样牢笼一样的生活中一点一点丢失了本该有的灵气和生气。

当我开始做自己人生的主人，自己主宰时间以后，去买了一台缝纫机，然后去买了布料，然后开始规划上缝纫班，虽然要考虑现实时间的问题进程没那么快，但是当你找到一个心爱的东西之后连之前的准备都变得那么让人心动。

那些即使废寝忘食，即使没人付钱给你，即使与身边的人格格不入，那些不做不行，如果没有开始做人生会遗憾的事情就是你的坚果了。唯有热爱坚持才会不费力，是顺其自然而不是费尽力气。热爱不减，坚持不断，玩到一定的程度自然而然会脱颖而出。

找到自己的天赋没有那么难，那些你热爱的东西通通都会成为你活在这个世界上区别于别人的证据。

读书和电影

我每看一本书一部电影都会产生很多的想法，即使没有提醒自己要做角色互换用主人公的视角体验这一切，也能感受到别人的情绪和想法，所以很多的事情都能触动到我，也可以说比较敏感。我很珍惜这些敏感，它们提醒我还是一个有血有肉的人，也因为这些敏感的发现让我的人生多了那么多感悟。不管电影和书是不是真人故事改编，我都在默认是真的前提下去全然感受，如果在开始观看的时候就在脑海中给自己暗示：“这是假的！随便看看就好！”那你可能会白白浪费当下的时间，你不会有什么新的感悟和发现，你被电影院成功地消费了时间和金钱。

当这部电影是身边朋友的真实故事离你并不远，当自己是这部电影的主人公他所经历的一切你也会遇见，把自己放在编剧想要表达的事件里去全然感受，有些挫折有些事情你或许不用经历就找到和发现了一些东西，当你产生：“我也想这么做！”“我也要这样！”这时，身上所有细胞都开始莫名地兴奋跳跃起来，主人公的经历和他带给你的启发都可能成为你天赋新的发现。

有可能是一本传记的书，有可能是一部电影，也有可能是一则广告，就足以让你找到自己的“坚果”，进而人生的剧本开始全然不同，你需要做的就是打开自己，别让这些信号溜走。

追随自己的内心

我人生中许多选择都是追随内心后的结果，每次分岔路口问自己的内心想往哪走，重视自己的声音然后作出选择。在捡起一个个爱好的背后都是追随内心的结果。

其实找到它们没有那么难，你心底真实的声音是最智慧的，你或许根本就不用像我一样曾经翻山越岭地去寻找，你心底早就有准备好的答案只是等你下指令：可以开始了！不用在乎别人的眼光，勇敢地开始就好了。

多给自己尝试的机会

尝试是不需要为失败买单的，无论结果好坏，你都应该多给自己机会，哪怕你开始后玩的并不好，没关系，证明在那条路上不适合你前行，换条路就好了。

尽管你在内心演练了各种可能，但是真的尝试时有可能是新的体验，只有自己亲身去经历一遍酸甜苦辣才会知道是什么滋味，比别人说的和书上看到要更真实。

我在画画这件事情上就深有感悟，一开始只是想画，每次画画内心都会得到安静。后来在出版第一本书的时候出版社让我尝试给自己书籍配插画，尝试之后简直被自己惊倒了，原来我可以画得这么好。从那以后我对自己未知领域的探索更加有了兴趣，我相信在日后的人生旅程中会遇到更多的惊喜。关于画画的心路历程在后续的文章中也会单独分享。

正在看书的你也一样，每个人都有无限的潜能，水龙头的开关全在你的手上，是开是关何时开何时关都由你说了算。多给你开一扇门看看，谁知道门口有什么惊喜在等着你，唯有尝试后才会清楚，不是吗？

主业+爱好对抗现实

顺应自己内心做自己开心无比，但是现实社会也总是骨感无情的，你需要付房租，你身上有对家人的照顾和责任，许多人因为现实这个层面而与自己的爱好绝缘了。其实，如果你愿意是可以得到兼顾的。

拿我举例，在过去几年里一面辛苦工作，一面职场充电，但是还有一面我在闲暇时间全面发展自己的爱好，早晨和周末我心甘情愿地早起，在业余爱好上也汲取了很多生活下去的能量，它带我进入了一个新的世界。

对你真正喜欢的东西，你付出很多的辛苦都没什么。而当你的爱好玩到一定高度取得一些成绩，它可能为你诞生出一个副业，你的副业赚的钱有可能都会超过主业，等到那时内心也会因为多了一种生存技能而有底一些。如果它没能帮你在世俗社会赚到丰厚的财富，想想你在坚持过程中得到的那份悸动吧，它支撑你走过许多困境，那份财富不是金钱所能衡量的。

你没有被这个社会冲着走，牵着走，你在按照自己的步调和意愿往前走，多酷的一件事啊！

做自己的伯乐

留意一些电影传记和身边真人故事的时候我们会发现，许多人的天赋得到充分的发挥往往会受到一个伯乐的赏识或是帮助。他们起到了推波助澜和发现的作用，看到你身上独一无二的光芒，鼓励你前行，帮你看到天赋背后可能会遇见的风景。可是现实世界中，不是人人都能遇见这样的伯乐，不是所有人都能遇到在背后推自己一把的贵人，大部分人都是自己摸索着前行。所以，我们都要学会做自己人生的伯乐，时刻以伯乐的视角觉察洞察观察自己当下发生的一切。这种 24 小时贴身伯乐或许比其他伯乐更有价值。自我鼓励、自我发现、自我察觉是你要重视培养的技能，当你能看明白自己的时候也能看明白很多事情，也可以帮助到很多人。

这个点上请大家留意，你看哪些电影的时候容易被感动？你做哪些事情的时候充满兴致？做哪些事情的时候会害怕？为什么？哪些事情做的与众不同？自己充满了想法？开心、伤心、难过、自责、激动……这些情绪和状态的背后都隐藏了什么？自己为什么会这样？你又有什么发现？

要试着发现自己的一切。

培训

我曾经参加过潜能开发和灵性成长的培训，当时确实有新的发现，借助别人的视角对自己有了一次新的探索。关于这个层面的方法我有些话想对你说。

如果你对潜能开发这个领域感兴趣，一定知道像死亡爬行和一些拓展培训中的原理，都是营造一个环境和氛围，让你置身其中，将体能、意识、情感等维度激发到一个新的高度，让你相信自己也可以这样也可以那样，就是逼着你看清你自己。这些课程可以称为一种猛烈的电击，让你瞬间清醒觉察。有的人上完了课可能有了很大改变，像是变了一个人，也有的人只变了几个月随着回到日常生活又退回了原来的样子，也有的人为了维持那个突破后的极限，不停地去上这类课，因为一些不良机构的引诱误入歧途成为课程利益下的工具，也可以称被成功洗脑。其实洗脑没什么错，经常打扫一下旧的观念推陈出新挺好的，但是有些不良的洗脑确实挺坑人的。怎么区别和发现呢？

有些不良的培训因为帮助你上升了一个新的思维高度，激发了你的欲望，让你在定目标的时候比之前更大胆，行动力也会比之前增强，你在这样一个高速的轨道上算是被激发被拖着前行。有的人走的路是自己想走的，但是有的人却走上了一条别人的路，或许有一天你很有成就，但是回顾往昔，发现这条路根本不是你想走的，你只是被世俗的成功和社会洪流冲着跑而已。

所以，如果你参加了某些培训，在当时情绪特别高涨，或是感官被强迫打开的瞬间，不要确立决定性的目标，不要快速地作决定，冷静下来，多问问自己："这是不是你想要的？究竟是不是你想实现的？"一定要选择一些正规的培训机构，上一些有良心的培训师的课程。多对自己人生负责一点儿，认真一点儿，也会少一些后悔。

了解人性

在做猎头的时间里，因为工作需要经常要和很多人打交道，所以因为工作的关系我开始接触人性，开始研究人。记得有一次参加一个行业论坛，一位行业内的老前辈说的一句话我至今记忆犹新："了解了自己，清晰了世界！"当你越深地了解自己这个动物的时候，越是向内探索就越会对其他人对人性有新的认识。无论你做什么工作，只要在地球上生活就免不了和人打交道，而当你越了解人性越会发现，它给你的工作甚至看问题的角度都会有所不同。

有段时间内我对九型人格特别感兴趣，九型人格是自我探索的工具，也是一些企业用来测试员工性格的工具，美国中央情报局以及一些大学和企业中也都运用着，它历史悠久，算是比较成熟的工具。它让我知道了原来儿时发生的一些人、事物会对一个人产生那么大的影响，早在我们小的时候，性格就已经定型了。它是基于一个人的最深的恐惧和欲望来判断你的型号，例如如果一个人害怕自己错，欲望是希望自己是对的、好的、贞洁的，世界和价值观大多非黑即白，顺境时追求完美，逆境时过度批判自以为是，过于执着过于纠结、完美主义，这样的人通常是 1 号完美者。这样的人童年背景下有个较为严厉或自我要求很高的长辈，由于得不到别人的鼓励和赞美，所以总是要求尽善尽美，因此会活得很累。我们可以理解为星座上是处女座情结，细节完美型。因为自律这些人通常都能取得一些成就，所以不适合做创意的工作，因为从生活到工作都井然有序、井井有条，打破常人的视野作出一些与众不同的创意有些困难。

如果一个人的基本恐惧是被爱和不被需要，欲望是感受爱和存在。他的特质是感性、热心、取悦人、乐于助人。他顺境时有同情心，付出无条件爱，逆境时也会操纵性强。这种型号的人是 2 号助人型完美者。他的童年背景和早期性格使他从小就知道如果很乖巧就会很讨人喜欢，就会被长辈和周围人注意，所以他们就发展出要得到爱就必须相应地付出代价。我就是这种型号的人，早在 25 岁的时候我就开始向内探索，追溯童年发生的一切，以及自己的特质。

除了九型人格，像贝尔宾、性格色彩密码都可以试着接触一下没有坏处，虽然不必完全地信服，但是起码知道了原来人有多种多样，你讨厌的、你喜欢的、讨厌你的、喜欢你的都是有原因的。这些都是自我探索的工具，如果你很排斥，那背后也是有原因的。当我在学习九型自我探索的旅程中，我发现自己的性格很适合做销售，热情、爱付出，但同时目标性、逻辑性也很差，常常不知道当下的自己在说什么，为什么说这样的话。于是我有意识培养这方面的能力，学习其他型号的优点，以至于在后来的培训活动中老师也会把我看错，拿我当其他型号的样板进行讨论。我们通常从一个人衣着和谈吐上能判断出这个人的特质，进而找到和他沟通的频道，这对工作以及对与身边人相处都是很棒的体验。

了解人性了解自己的盲点，了解自己的心智结构，从童年开始追溯，一个人形成今天的样子绝不是偶然。他的恐惧和欲望，他毕生都在弥补的缺失，他的天赋和兴趣，这些都是已经存在的，只等你去开启对自己更深的探索，等着你去一探究竟。如果你能对自己有更深的了解，对人性有更深的解读，那么也一定可以帮助自己去发现自己未知领域更多的天赋。

给自己时间

你知道吗？有很多人都败在了焦虑上，因为等不及，因为不耐烦就这样错过了很多。但是你不一样，你对自己有耐心，你给自己时间去寻找，所以你注定比别人收获的多。

找到天赋实现梦想是一件锦上添花不是雪中送炭的事情，首先我们要肯定现在的自己，而不是一味地自责它有多么不好，拿自己和别人比较。如果能有机会让自己变得更好，蜕变成一个新的自我当然好，但是如果维持现状我们也要给自己足够的肯定，乐观地面对所有发生的一切。内心平静的人才不会患得患失，沉得住气的你有一天也不会因为胜利的喜悦而冲昏头脑。

自我探索发现天赋的路上记得要给自己足够的耐心和时间！有时候慢慢来反而比较快！

举例我是怎样找到坚果的

猎头：想补充知识想学习的自己，找工作遇上了需要快速学习大量知识的猎头工作。

读书：从小就爱读书，有书看就很知足，继续坚持着以前的爱好。

写作：因为读书写作成了突破口，内心的感悟有了流通的渠道，自然而然爱上写作。

电影：每看一部电影就觉得经历了一种人生，想要多经历一些人生，多活几辈子，爱上了看电影。

跳舞：音乐响起，跳舞时感觉自己血液都在快速流动着，感觉自己还很年轻，也很开心。

唱歌：唱完歌，感觉从毛孔里代谢了很多不开心的情绪，像是打扫了房间一样。

旅行：暂时忘记身份忘记一切，开始了一种全新的生活和体验。

画画：画画时内心是安静的，忘记了很多杂念。

广播：喜欢听广播，能让人安静下来，也喜欢去自己播音，同样能让自己安静下来。

探戈：《闻识女人香》《女人香气》两部电影，让我对探戈产生了兴趣。

我提供了十个启发性的思路，有的人可能会觉得很空，也有的人可能会觉得很有意义，但我确实通过以上的方法找到了我的坚果。不管你的评价如何这些都不重要，重要的是如果某些观点启发了你去做自我探索，你产生了新的方法找到了自己，那才是最有价值的。你只要开始想，找到天赋是早晚的事情，每个人潜能都是无限的，你可以产生很多比我的好上百倍的方法，这是完全有可能的。只要你相信自己有属于自己的天赋，只要你开始去探索、去寻找，我相信未来的日子里你一定会收获满满的！

下面分享一些电影中主人公找到天赋的故事，平时的观影中也要多留意一下，会对你有启发作用的。

《弱点》

天赋/爱好：橄榄球

迈克尔·奥赫是一个孤儿，从领养家庭中终于遇上了好心的陶西太太并让他感受到了家庭的温暖。学习上他虽然科科零分但是有极强的身体条件和运动天赋。陶西太太发现他的保护意识拿了98分，于是让他联想队友是他要保护的家人激发了他的潜能，最终成为了美国国家橄榄球首批入选球员。

《跳出我天地》

天赋/爱好：舞蹈

11岁的矿工之子比利·艾略特上拳击课时偶尔接触了一堆女孩跳芭蕾舞，这种美轮美奂的艺术深深迷住了他。严厉的指导老师威尔金森夫人发现他是一个难得的极具天赋的芭蕾苗子，非常喜欢他。她甚至放弃了其他芭蕾女弟子，全身心培养比利。家人一开始并不同意他学习舞蹈，最后他冲破重重阻力，在威尔金森夫人的鼓励下考上了“皇家芭蕾学校”。

《放牛班的春天》

天赋/爱好：音乐

克莱门特是一个才华横溢的音乐家，在法国乡村没有发展自己的机会，成为一间男子寄宿学校的教师。他用音乐打开了学生封闭的心灵，教学生们如何唱歌。他循循善诱地把皮埃尔的音乐天赋发掘出来，最后使皮埃尔成为了世界著名指挥家。克莱门特是皮埃尔的启蒙老师，对他的成长有奠定作用。

《朱莉与朱莉娅》

天赋/爱好：烹饪

曾在法国生活过的美国人朱莉·查尔德写了一本美食书，而隔代女孩朱莉娅·鲍威尔根据她的书来逐一实践，把文章发表在博客上。她通过烹饪找到了自己，也收获了大批粉丝，也因此更懂得了人生意义。

《听见天堂》

天赋/爱好：声音

影片讲述了一个失明的小孩，成为闻名全欧洲的声音剪辑师的故事。因为一次意外，他永远与黑暗做了朋友，但是失明放大了他的听觉，他在学校找到一台老旧的录音机，带领身边的同学用声音录制了一个美妙的广播故事。在老师暗暗鼓励下，他用耳朵开启了一扇灵魂窗户，从而收获到了一个崭新的世界。

问题清单练习：

❖回忆你从小到大，有没有玩一件事物特别开心甚至忘记了时间？

❖回忆从小到大，有没有一件事物看见别人玩自己也跟着开心？

❖从电视电影书籍中有没有对一种生活状态很羡慕或自己也想这样生活？

❖你身边或是电视中有你想成为的人吗？是什么特质又或者是什么吸引了你？

❖从小到大，有你想做的事情被别人嘲笑进而中途荒废的吗？

❖假如现在不需要考虑金钱和现实等问题，你最想做的事情是什么？

❖如果你可以活到300岁，没有来不及，你最想实现什么？

❖将现在生活中的某一天放大1000天看后会有什么遇见？

❖列出你喜欢和讨厌做的事情清单。

❖如果一件事情没有人付薪水给你还愿意做吗？如果有那是什么呢？

❖有没有做一件事情的时候内心充满热情，特别高兴？

❖有没有做一件事情根本不需要意念去逼自己坚持，很自然的自己会慢慢靠近？

❖如果你可以推开任意门一次，会看到未来的自己，你希望哪幅画面以及自己是什么样的？

❖如果现在你是未来的自己，给现在的自己打个电话，想说些什么呢？

❖如果你是过去的自己，给未来的自己打个电话，想说些什么呢？

致被年龄困扰的你

在实现梦想的路上有一个隐形的东西可能无形中制约着你，那就是年龄。

“女人三十岁还能找到恋人，比走在路上被原子弹炸到还困难。”这是韩剧《我叫金三顺》中的一段台词对白。

“她是个三十岁至今还没有结婚的女人，她笑脸中眼旁已有几道波纹，三十岁了光芒和激情已被岁月打磨。”这是歌曲《三十岁的女人》中的一段歌词。

我想附身《爱情公寓》中用美嘉的一句话作为回应：“我一口盐汽水喷死你。”三十多岁的女孩还很年轻好吗？你才眼角有波纹，被岁月打磨的不成样子！去大街上随便看一看就知道现在的女孩活得有多年轻。

无论是中国或是韩国，有个让人无法忽视的隐形价值观，那就是女人的年龄总有个“截止期限”，比如说三十岁，如果三十岁还没有结婚还没有男朋友，许多人都会心里慌张不安，也有许多人为了躲避社会的舆论匆匆忙忙找个人嫁了，哪怕没有爱情也都无所谓，反正嫁出去就比单身要心安一些。有的人说：女人的青春从大学毕业那天起就结束了。二十出头好像做什么都来得及，哪怕犯了错，撞了南墙，和几个人渣谈过恋爱，都可以被原谅被谅解被宽恕。因为你还有时间你还年轻嘛！而对于三十岁的人来说，整个社会都要求你成为成功人士。这种无形的压力充斥着大街小巷，就连电视剧电影新闻广告它们都合起来连成一片，携手冲击你的生活和价值观。

剩女，是教育部 2007 年 8 月公布的 171 个汉语新词之一。其中“剩”字的意思和“剩饭”的“剩”一样，是指已经过了社会一般所认为的适婚年龄，但是仍然未结婚的女性，广义上是指27岁或以上的单身女性，很多拥有高学历、高收入和出众的长相。多数择偶要求比较高，导致在婚姻上得不到理想归宿，而变成“剩女”的大龄女青年。中国社会普遍认为女性在25岁之前就要“找到”另一半。如果在28岁前还没结婚，则面临“无论如何都要成功”的压力。到了31岁至34岁，还没结婚的女性会被称为“高级剩女”。如果到了35岁还不结婚，则会被尊称为“齐天大剩”了。

有媒体报道：中国是世界仅有的女性自杀率高于男性的国家，自杀率可以反映一类人群承受了多少压力和痛苦。全世界几乎所有国家男性的自杀率都高于女性，唯独中国，女性自杀率高于男性。中国大陆每100个男性自杀的同时，就有约139个女性自杀。根据世界银行和世界卫生组织的联合调查表明，尽管中国女性人口只占世界女性总人口的21%，但中国女性每年自杀的人口总数却占世界女性自杀总人口的56.6%。

作家十二曾说：“当很多姑娘在努力赚钱，保养皮肤，拼命健身，读MBA，旅行增长见识的时候，同年龄的男人在干什么呢?”

现代社会中国男人的压力也很大，网上曾用一句玩笑般的话语来形容中国男人：“男人娶了个祖宗生了个爹！娶个老婆不仅要花上父母的血汗钱，更是要贷款来买房！而生个孩子以后花钱成本更是剧增！生活不易，且行且珍惜吧！”

中国男人很累很忙，压力也同样很大。网上有数据调查：中国76%的男人觉得现在压力过大，压力来源于生活、职场、家庭以及身体。仅24%的男人觉得：压力是有一点，但也不算什么。35.6%的男人压力来源认为生存压力大，房价高，工资低。55.5%的男人关心的事情是赚钱。48.7%的男人认为最崩溃的事情是爸妈得了重病……四成男人一年一次旅行都没有，而有24.7%的男人认为“一次轻松舒适”的旅行比“当上爸爸、求婚成功”等幸福感更强。54.2%的男人不想成为商界巨子、政治高官、金融大鳄、体育娱乐明星……他们最想成为的人是自己。

一些人金钱至上，以“财富和地位”为面子，笃信赚钱要趁早、出名要趁早、升官要趁早，相互攀比，你追我赶的价值观已然形成。膨胀的欲望和严酷的现实，连续上涨的房价、物价加剧了现代人的生活压力，更让一些人变得浮躁和焦虑。这种主流的价值观一天不变无论是男人或是女人很多都会永远忙下去、奔波下去、累下去。

25岁到30岁人们开始更惧怕年龄的增长，与其说害怕年龄的增长，不如说真正害怕的是到了一定的年龄没有做到社会价值观上认为的成功，害怕担忧会遇见这种所谓的挫败感。

网上有网友计算过：如果想要生两个小孩，30岁前生完，小孩相差三岁，那27岁就得生第一个，26岁就得怀孕，想怀孕之前二人世界两年，那24岁就得结婚。订婚后，见家长，旅行，准备婚礼就得一年，那23岁就得订婚，订婚前拍两年拖，那21岁就要遇见这人。时间好紧迫啊。如果要做到现实意义的成功这真是挺急迫的。21岁要遇见的这个人最好还是对的人，如果遇见几个渣男或是渣女，年龄上又要延后几岁了。

“中国的情况是，很多家长不允许学生谈恋爱，甚至在读大学了还有很多家长反对恋爱，但等到大学一毕业，所有家长都希望马上从天上掉下来一个各方面都很优秀而且最好有一套房子的人和自己儿女恋爱，而且要结婚。想得很美啊！”韩寒曾犀利揭露了许多中国家长的心理。

危机四伏，焦躁不安，纠结迷茫，慌张害怕，年龄综合征，许多人光是忙生存都喘不过气，哪有勇气去实现梦想呢？很多人觉得每个年龄段上都应该有相应的成就，害怕到最后一事无成，错过时机，内心惧怕变老，把自己限制在世俗对这个年龄特有的观念中。这根绷紧的橡皮筋有些人只是一段时期内有过，不知活到哪一天突然觉悟开始变得从容淡定，而有些人终其一生都被这根橡皮筋绷得紧紧地喘不过气。

《东京女子图鉴》是我这几年看的反映当下社会最真实的一部日剧。女主角用20年的时间在东京一步一步换很多次房子、工作和男人。丰富而又精彩的生活，不断地遇到各式各样的选择和诱惑，而她所做的选择就像是在给你示范，那些你可能会在未来面临的选择题以及选择后带来的后果。剧情像极了在北漂、深漂……各种漂的你我他。最后一集一个镜头结束得很有深意：四十岁的女主角挎着闺蜜备胎男走在东京街头，迎面走过来一养眼女子，通身顶级品牌当季新款。那女子挽着完美的丈夫、牵着完美的狗，令女主角忍不住幻想：如果那是我该多好！而那位女子的扮演者也是女主角本人。女主角也曾遇见过幸福，是刚来东京认识的男友，他们曾在最好的年华里开心过幸福过，但是就像女主角最初所说的“这种平淡的幸福在小县城随处可见，唾手可得，那她为什么要来东京呢？”

许多人迷失在无尽的欲望中，活在社会无形的舆论中，往前往后往左往右都被自己牵制着限制着，就连梦想也变成了奢侈品。他们说，麻木得没有知觉没有感受，去年和今年没有什么不同，如果放到电脑上快进仍然是单调的重复。

而我也是曾活在这种“年龄综合征”“焦虑症”下的人，说了一堆别人也说说自己。我也曾焦虑过、虚荣过、担忧过，嗯！这一点都不丢人，我们都是这个时代下的产物，一代又一代从娃娃时期就被一些价值观影响，有几个能金蝉脱壳摆脱世俗的束缚，过着无忧无虑的自由生活呢？只要一天在这个地球上生活，就要和这个世界有连接、和人有连接，任凭你怎么摆脱一身烟火气仍然会有。20 出头时我惊恐地和闺蜜说：“我不会 25 岁都单身吧！”那时候觉得 30 岁已经太老了，感觉那天到来应该很远吧！23 岁时我觉得如果到了 30 岁仍然在一家公司里给人做助理，那我就是失败的。25 岁时我的领导是位 30 岁的美女，那时她还没有结婚也没有男朋友，我觉得我到 30 岁的时候如果这样就疯掉了！25 岁，30 岁一眨眼就来了。害怕成为韩剧中 30 岁一事无成的老女孩。内心想急迫地做成什么事情却又没什么方向。在焦虑和彷徨中蹉跎了很多成为自己的美好时光。不管我现在有没有做到世俗的成功都不重要，这不是我要总结的，我要说的是，曾经的我也是受年龄牵制的人。总是觉得来不及，总是慌里慌张地跑着。总是拿别人的价值观、社会的标准来衡量自己。不过经历过这段焦灼的岁月，接下来的人生才更加从容和淡定，不是吗？

寻找梦里的未来
笑对现实的无奈
不能后退的时候
不再傍徨的时候
永远向前 路一直都在
徘徊到不再徘徊
重来到不怕重来
没有选择的时候
不能选择的时候
永远向前 路一直都在
一直都在

这是陈奕迅《路一直都在》里边的一段歌词。我们要去的地方要实现的梦想怎能被一个看不见摸不着的年龄限制着？年龄不过是个数字，没必要受年龄的限制，我们的路一直都在。

宋丹丹曾说过：“你越害怕衰老，偏就有人要拿高倍照相机拍你的脸。放松心情，做优雅慈祥的老人其实也可以是很美的一件事，女人不只有青春才漂亮。当然，青春最吸引人，可我们已经抓不住了就得放手，反正你已经有过了。其实谁也别妒忌或笑话谁，任谁都会老去，时间最公平。”

无论你多么年轻都会有人比你更年轻，无论你多么老也都会有人比你更老。

“年龄真的只是一个数字，只要愿意什么时候开始都不晚。”虽然这句鸡汤你听过很多遍，甚至每次听到虽说内心也不会有什么波澜，但这确实是很多人用实际行动和血泪滚出来的一句人生智慧。而你想要去的地方，岂能被一个不能改变的年龄牵绊？

一首三毛的诗送给你，愿你我共勉，无论世界如何改变，我们都要乐观地活在当下。从害怕变为即使怕也要继续勇敢，从容地应对生物上不可改变的年轮，从容地应对人生每个春夏和秋冬，从容地应对每个今天。

> 我们三十岁的时候悲伤二十岁已经不再回来。
> 我们五十岁的年纪怀念三十岁的生日又多么美好。
> 当我们九十九岁的时候，
> 想到这一生的岁月如此安然度过，
> 可能快乐得如同一个没被抓住的贼一般嘿嘿偷笑。
> 相信生活和时间。
> 时间冲淡一切苦痛。
> 生活不一定创造更新的喜悦。
> 小孩子只想长大，
> 青年人恨不得赶快长胡子，

中年人染头发，
高龄人最不肯记得年纪。
出生是最明确的一场旅行。死亡难道不是另一场出发？
成长是一种蜕变，
失去了旧的，
必然因为又来了新的，
这就是公平。
孩子和老人，
在心灵的领域里，
比起其他阶段的人来说，自由得多了。
因为他们相似。
岁月极美，
在于它必然的流逝。
春花、秋月、夏日、冬雪。

《岁月》三毛

梦想总会实现　你是改变自己的神

去爱吧，就像不曾受过伤一样；跳舞吧，像没有人会欣赏一样；唱歌吧，像没有人会聆听一样；干活吧，像是不需要金钱一样；生活吧，就像今天是末日一样。　　——《去爱吧》

看到许多梦想也看了许多现实 还依然爱着生活

“我们已经受限于自出生以来既定的名字、性别、身份、期望、责任……到后来看起来就像是罐头工厂生产的产品，每个人都很像，不仅表情像，衣着像、说话样子像、吃饭样子像，连走路样子也很像。”（《十四堂人生创意课Ⅱ》）看李欣频的书时总是会拿起来就不想放下，她的灵魂非常独特，能量和创意也好像永远都不会枯竭。按部就班的人太多了，不正常的人太少了，而这些“不正常的人”往往能创造出惊人的成绩。

平时看到励志的电影，都会试着将自己的灵魂附身在主角身上，想象着若是自己面临这样的选择会怎样抉择呢？看到主角们经历很多磨难挫折最后成功穿越现实障碍实现了理想，内心也会跟着激动。可是回到现实中，理想貌似不会那么容易按下改变按钮然后就顺利地直达目标。当朝着心目中的灯塔不断前行，每时每刻都会遇到许多现实的大问题、中问题、小问题和种种问题，每天都忙着解决各种问题，忙着忙着忽然有一天发现梦想已经实现了，居然也有些不太相信，还是抱着一种救火的心情随时准备着。站在灯塔上往回看，这条路走的并不容易，电影里主角按下改变键然后华丽逆袭中间省掉了一个解决问题的剧情，如果将一个真实的剧情完整地展现出来，估计没有人会有耐心看完了。

《遗愿清单》中两位患了癌症的病人临死时将愿望一项一项写

下，然后赶在死神来临前勇敢地去实现，去发现人生的真正意义。

《垫底辣妹》中讲述了学年垫底的一位女高中生每日浓妆艳抹，和朋友们肆意挥洒着宝贵的青春。她的老师在班级里公然地说："像你这样的渣子怎么能考上庆大，如果你考上了我就全裸倒立绕学校一圈！"后来她用一年时间将成绩提高40分，成功考上庆应大学。

《风雨哈佛路》是一部催人警醒的电影，影片介绍了一位生长在纽约的女孩莉斯经历人生的艰难和辛酸，凭借自己的努力，最终走进了最高学府的经历。故事的主人公莉斯出生在美国的贫民窟，从小就开始承受着家庭的千疮百孔，母亲酗酒吸毒患有精神分裂症。她15岁时母亲死于艾滋病，父亲进入收容所。莉斯需要出去乞讨，和一些朋友流浪在城市的角落，生活的苦难似乎无穷无尽。而这部电影却是真实故事改编的，主人公勇往直前奋斗的精神感染着许多人。

《笔下求生》中男主角过着一成不变、平淡无奇的生活。在得知自己将死，被迫放弃规律的生活，把剩余时间放在了自己喜爱的吉他上，逼得他把握当下有限的美好时光，这对于大多数处于麻木平静中的都市人是一种警醒。

看电影可以浓缩地看到许多我们未曾经历的人生，好的电影就像是身边一些热爱生活鲜活的人，哪怕一席谈话带给我们的触动都足以鼓励我们走得很远，他们是我们身边鲜活的电影，而电影中虽然有夸张的部分，但是我们只需要看到一部电影在灵魂上给予我们的启迪，就没有浪费所花的时间。

有人说："梦想丰满、美好、温暖，现实骨感、残忍、无情"。一个人最可贵之处正在于看清生活的真相后，依然热爱生活。梦想可能遥不可及，但却给了我们生活的动力信心，勇气和希望。

从电影中看到许多梦想成真的故事，也从现实中看到很多残酷和麻木，依然决定要更爱生活。梦想是坚持后让你很幸福，是我们活下去的意义，是一件事一件事努力完成，是一公里一公里总会跑到头的马拉松终点。梦想还是要有的，而且一定会实现。

我们总以为时间有很多 可谁知道自己的时间到底剩多少

《采访上帝》

我在梦中见到了上帝。

上帝问道："你想采访我吗？"

我说："我很想采访你，但不知道你是否有时间。"

上帝笑道："我的时间是永恒的。你有什么问题吗？"

"你感到人类最奇怪的是什么？"

上帝答道：

"他们厌倦童年生活，急于长大，而后又渴望返老还童。"

"他们牺牲自己的健康来换取金钱，然后又牺牲金钱来恢复健康。"

"他们对未来充满忧患，但却忘记了现在；于是，他们既不生活在现在，也不生活于未来之中。"

"他们活着的时候好像从不会死去，但死去以后又好像从未活过……"

上帝握着我的手，我沉默了片刻。

我问道："作为长辈，你有什么经验想要告诉子女的？"

上帝笑着答道：

"他们应该知道不可能取悦于所有的人。他们所能做的只是让自己被人所爱。"

"他们应该知道，一生中最有价值的不是拥有什么东西，而是拥有什么人。"

"他们应该知道，与他人攀比是不好的。"

“他们应该知道，富有的人并不拥有最多，而是需要最少。”

“他们应该知道，要在所爱的人身上造成深度的创伤只要几秒钟，但是治疗创伤则需要花几年的时间，甚至更长。”

“他们应该学会宽恕别人。”

“他们应该知道，有些人在深深地爱着他们，但却不知道如何表达自己的感情。”

“他们应该知道，金钱可以买到任何东西，但却买不到幸福。”

“他们应该知道，两个人看同一个事物，会看出不同的东西。”

“他们应该知道，得到别人的宽恕是不够的，他们也应当宽恕自己。”

“他们应该知道，我始终存在。”

很多时候我们都活在昨天，活在过去，唯独不活在真正拥有的今天。

早晨刷牙时想着工作，吃饭时想着下班，上班时又想着工资，我们把很多时间都花在焦虑、迷茫、担忧、纠结，却不能安静下来看一本书、认真看一部电影、好好品尝一顿美食。

我们总是喜欢把时间花费在让社会认可、让父母认可、让朋友认可，却唯独没有让自己认可。走了许多路也翻越了很多座山才终于发现，你是你自己世界的国王，你自己世界的快乐是自己创造的，和别人没有关系。

我们焦虑地担忧自己未来，结果把时间都浪费在了焦虑上。我们也总以为自己的时间有很多，可是谁又知道自己到底剩多少天多少小时多少分呢？

无论有谁　唯有你不许嘲笑自己的梦想

2011 年我开始写下一个个零散又分散的梦想清单。它们有的幼稚、有的对于别人来说特别容易实现，不过对于一个连自行车都没有的人最好不要一下子计划采购跑车，一步步慢慢来，踏实努力地往前走比什么都强。无论有谁，唯有你不许嘲笑自己的梦想，再大也要去努力实现，再小也要尽全力维护！

记得我当时只是凭着自己的内心感应写下零散又分散让自己心动的一个个事件，并没有看这其中各自的连接。我还看不到自己的全局，还是个每年要定年目标、月目标规律的执行者，但是在实现的过程中，我发现这些散落的一颗颗星星之间有着无比惊人的密切连接，像是天空中一颗颗散落的星星可以组成各种形状图案的星座图。而随着一个个梦想的实现，虽然我还推理不出这一生的蓝图全貌，但我生命的视点比之前高很多，如果人生的视点是一座天台楼顶，那么这些完成的一件又一件心想事成的清单就是一节一节电梯，到达每个高度从高空中俯瞰自己以及这个世界的角度和感悟都不一样。一件一件看似独立又分散的梦想清单，其实是帮助我们找到未知的幸福的自己，看世界的深度和广度也在一层一层升级。

所以，不要小瞧任何心想事成的小事，那是一个又一个生命的力量，总有一天你会因为积攒的能量拯救自己的银河系，绘制出自己璀璨的星座人生图。

每个人身体里都蕴藏着巨大的能量，我们都要相信自己可以推翻曾经麻木、乏味的世界，带领自己去活出一个全新的版本，梦想总会实现，别忘记你才是改变自己的神！

附录：

《我的梦想清单》

完成清单：

1. 完成印象笔记等其他软件的大部分信息知识云存储，将现有资料归类整理好。

2. 拍一套职场清新写真。

3. 能将时间管理做得很好，会打理自己的时间。

4. 会知识管理，能把自己的所有知识和信息打理清爽。

5. 找到适合自己的职场形象和风格（简约干练又不失清新）。

6. 做一个梦想图片愿景板。

7. 列出30岁前清单。

8. 出第一本自己的书。

9. 坚持写成功日记。

10. 坚持练瑜伽。

11. 坚持早起不赖床。

12. 学会5种简单有意思的魔术。

13. 学会用思维导图。

14. 学会讲10个好笑的笑话。

15. 我是长直发黑黑顺顺。

16. 把脸上的痘痘去掉。

17. 做自己，不受别人影响。

18. 真诚对待别人，付出不求回报。

19. 渐渐远离负面的人、事、物，渐渐靠近正面的人、事、物。

20. 不抱怨任何事情。

21. 学会站在别人的角度思考问题。

22. 去德云社看一次相声。

23. 给自己安排一次温泉旅行。

24. 做一个生活惊喜本，用彩笔、图片、文字、贴纸记录生活的美好。

25. 每天早上做精致营养的早餐。

26. 收集各种可爱温馨的碗和盘子。

27. 买一个大书柜。

28. 买一件白色的大衬衫，只为取悦自己。

29. 买一台缝纫机。

30. 买一个漂亮的皮箱。

31. 收集高木直子所有的书籍。

32. 买一套最爱的床单四件套。

33. 买一个脂肪率测量仪。

34. 保持童心，买小贴纸玩具玩偶。

35. 去游乐场玩一次旋转木马。

36. 公共微信账号关注人数涨到 1000 个。

37. 拍古装写真一套。

38. 任性地吃一次自助餐。

39. 买一个面包机。

40. 买一个烤箱。

41. 买一个破壁料理机。

42. 买一套专业的录音设备。

43. 买一个大冰箱，装满喜欢的食物。

44. 找一个北京的楼顶或者天台看一次夜景。

45. 拾起广播，用声音分享（买一个主播麦，在微信公众号插入自己读的文章，在喜马拉雅同步播出，并录一个前奏小样放在前边）。

46. 采购一些 DIY 首饰配件，自己做首饰。

47. 玩软陶，做软陶饰品。

48. 做双眼皮手术。

49. 买一台扫描仪。

50. 买一台投影仪。

51. 买一台苹果电脑笔记本。

52. 去陶艺室玩一次并做一个花瓶。

53. 一个人出去旅行一次。

54. 采购数位屏，学习用电脑作画。

55. 学习烘焙，偶尔亲手做蛋糕。

56. 学会做100道菜。

57. 学画画。

58. 制作一个待完成梦想清单手账本，随身携带激励自己。

59. 搬到喜欢的房子，布置成自己喜欢的风格。

60. 学习缝纫。

61. 研究和吃各种保养品。

62. 开一个淘宝店。

63. 有一个自己的品牌课程。

待完成清单：

1. 成为一名资深专业的猎头顾问。

2. 参加100个培训或者分享。

3. 看1000本书，并写读后感。

4. 看1000部电影，并写影评。

5. 原创文章写1000篇。

6. 做1000道菜（100道菜已经做完，从101个菜开始要认真地去做，记录下当时烹饪的技巧和心情）。

7. 去100个餐厅品尝美食，并把美食之旅记录成文字。

8. 学会包饺子、包包子、蒸馒头、擀面条，做好一些放在冰箱的冻层。

9. 开始吃有机蔬菜。

10. 学会切花式水果。

11. 重新开始学英语，不怕任何困难。
12. 学会跳 20 首拿得出手的舞蹈。
13. 学会唱 20 首能拿得出手的歌曲。
14. 学习游泳。
15. 学习弹吉他。
16. 学习弹钢琴。
17. 学习护肤，将脸保养成喜欢的样子。
18. 学会化妆。
19. 脱胎换骨：拥有马甲线；减肥成功到 90 斤。
20. 跳探戈。
21. 出一张个人唱片，所有歌曲歌词自己写和唱。
22. 养很多花。
23. 潜水体验。
24. 做一天街头艺人，唱歌。
25. 开一场个人演唱会。
26. 环游中国。
27. 学好外语后去国外旅行。
28. 带妈妈去旅行。
29. 和朋友一起疯狂旅行一次。
30. 去日本看小丸子。
31. 买一个苹果手机。
32. 买一个照相机。
33. 配 5 个不同的眼镜。
34. 帮助 50 个儿童上学或看病。
35. 学会理财，学会打理自己的财富，并实现财富自由。
36. 一旦有能力就要开始准备和我妈妈的养老金。
37. 出一本绘本漫画书。

38. 完成一份拼图。

39. 堆一个大雪人。

40. 找一个男友。和男朋友手牵手漫步街头；在一个饮料杯里插上两个吸管一起喝；穿情侣装；一起去旅行。哈哈——

41. 去土耳其体验一次跳伞。

42. 去土耳其体验一次热气球。

43. 去看一场话剧。

44. 起早去看一次升旗。

45. 去夜店玩嗨一次。

46. 到山顶看一次日出。

47. 去印度合一大学学习。

48. 买一个喜欢的风筝，在一个风和日丽的日子去放风筝。

49. 赚到人生第一个100万后，然后把这些年的假期都补上，来一次奢华的旅行。

50. 去迪拜帆船饭店参观居住。

平常的一天
凌晨4:30
我的天呐！
起床啦！
凌晨4:30我的意识开始清醒，赖床10分钟打开轻音乐，伴着好听的音乐开始洗漱。晨间多半用来读书和写作。
这样起来关掉闹钟我就清醒啦！
做饭是我的乐趣
凉粉
我喜欢一边吃饭一边看美食节目
深夜食堂
早饭时间到了♡
深夜食堂③

每日清晨 都是一次重生

每天清晨，都宛若一次重生。

每一天每一分每一秒眼里看到听到感受到的都是新的，包括我们自己。

清晨阳光洒进每一条街道，熟睡的城市渐渐苏醒，一个叫今天的时间来和你遇见了，过去昨天又何足挂齿呢？给身体穿上喜欢的衣服，进厨房做一顿温馨美好的早餐，小小的厨房弥漫着食物的香气，今天就是今天，不是昨天也不是明天，每个今天都是独立而崭新的。

每天清晨一边听着音乐一边忙来忙去做着不同的早餐，厨房里飘着浓浓的人间烟火气，让我无比地感恩自己还活着，还有味觉听觉嗅觉知觉，能感官当下的一切。

不知不觉坚持早起的习惯已经三年多了，起床也渐渐不再痛苦而成为生活的一部分，早起早睡也渐渐形成固定的生活习惯，到了差不多的时间身体就会给大脑暗示：“该休息了！”“该起床了！”“我困了！”“我醒了！”而我也因为养成早起习惯，充分利用所有的时间而越来越蜕变成心目中的自己。

前不久看《朗读者》，董卿问童话大王郑渊洁：“是什么让您能够坚持一个人办一本杂志到现在？”他回忆起了和父亲的一段对话，父亲曾问他：“你一个人能把这个《童话大王》月刊写多少年？”郑渊洁说“只要你和我妈活着，我就一直把它写下去。”他父亲说：“只要你一直写下去，我和你妈妈就一直活下去。”郑渊洁从 1986 年开始，每天晚上 9 点之前就寝，清晨 4 点半至 6 点半写作，30 年来，天天如此，从无间断。如今《童话大王》发行量累计已超过 2 亿册，他创造了一个人写一本月刊 31 年的世界纪录，原创了近2000多万字作品，每年光版税都至少稳定在2000万左右。真是一个好的励志故事，写作不难难的是天天写并且有的可写，这是我佩服的地方。我虽然也坚持早起，但是难免也有起来晚的时候，不过现在偶尔起来晚也不会懊悔自责，自责只会让能量减少，珍惜接下来的时间才是最重要的。而另外我敬佩的除了郑渊洁，还有郑渊洁的父亲郑洪升老伯已经86岁了，依然坚持4点钟起床，然后写微博，记得他骄傲地和董卿说："我有三十六万粉丝！"那天我好奇地去微博上找到并关注了这位老伯，看到他微博上观点清晰，更新活跃的一些文字，我也是再次被燃了一下，忍不住给他留言："今天关注了一个和我一样每天四点钟起床的老伯伯，是郑渊洁的父亲，在《朗读者》里看到他的粉丝有38万，于是想为他的粉丝增加一点微不足道的数量。这个世界勤劳的鸟有很多，不过这是我看到的这个年纪依然生机勃勃的勤劳鸟，活得很鲜活，谢谢你带给我的感动和力量！"没想到郑老伯竟然给我回复了，那一整天都好开心。

当然这么励志开挂创造奇迹的人还是属于少数，我们大部分普通人虽然在成绩上做不到这么耀眼，但是因为早起这个习惯也在各自人生道路上蜕变翻新。

自25岁之后，经过一年的自我训练我终于在26岁这一年养成了早起的习惯，27岁因为写了一篇早起的文章《我是如何做到四点钟起床的猎头》第一次上了杂志，28岁出版了人生第一本书《四点钟起床的猎头》，这本书记录了从2011年23岁开始北漂后积累的随笔日记。这些成绩是我之前未曾预料到的，一切就这么很神奇地发生了，像是我自己改写了人生剧本，然后之后的故事、情节、人物都开始不同。虽然出本书在现代这个社会也没什么，毕竟好多人都出版了书，不过对于我来说，这个愿望曾经甚至连想都不敢想，哪怕坚持写了将近40万字，依然觉得出版书应该离自己还远着呢。如果我们都有一个蓝胖子，能带我们穿越时空去见见未来的自己，估计现在整日吃垃圾食品的人看到未来的自己一定后悔莫及，现在坚持培养自己几个爱好的人看到未来的成绩一定会更加认真和感恩。态度像是按钮一样将你推向未来。

因为早起，我有了充足的时间为喜欢的事情努力。

因为早起，我心态不再慌张失措，每天都过得淡定从容。

因为早起，我有了时间给自己做早餐，吃自己做的早餐特别踏实，也让一天都充满了活力。

因为早起，我有了时间看书和写作，出版了自己的书，实现了梦想，也认识了很多朋友，鼓励了很多人。

这就是早起带给我的力量和改变。

你怎么度过早晨，就怎么度过一生。

“苹果”创始人乔布斯，每天早晨6点钟起床在家工作到9点左右然后去上班；“苹果”首席执行官蒂姆·库克每天4点半就已经开始收发邮件，5点就已经在健身房锻炼身体；时尚女魔头美国版《Vogue》主编安娜·温图尔（Anna Wintour），67岁的她依旧坚持每天早上5点起床，6点打网球，7点做发型、挑衣服、搭项链，然后来杯星巴克就开始坐在办公室里工作；我们熟悉的贝嫂，将自己的品牌经营得有声有色，同时身为时尚Boss和四个孩子妈妈的她，每天依然坚持6点起床，先是健身、然后唤醒四个孩子、陪家人吃早餐、送孩子们上学、然后赶去工作室上班；日本作家村上春树每天也起得很早，清晨4点就开始工作，一忙就是五六个小时。他每天晚上九点就上床睡觉。在过去25年的时间里，村上春树还有每天跑步锻炼的习惯。和很多作家一样，他认为养成有规律的工作习惯非常重要。还有一些历史上的伟人，如莫扎特、贝多芬、达尔文、本杰明、富兰克林、弗洛伊德都是早起爱好者，还有我国东汉时期著名政治家孙敬悬梁刺股的故事，都是我们学习的榜样。

很多人在一天还没开始之前就已经把当天要紧的事情完成了一大部分。这也是许多人为什么身兼数职依然不断创造出令人羡慕的成绩，他们都有自律的精神，早晨积极的基调给一天都营造了好心情，让人有条不紊地开始新的一天。

"敏锐你的感官，把自己当成地球一日的过客。刺激你麻木已久的敏感度，看关键性的书、情报、表演和电影，认真思考如果今天是自己人生中的最后一天，要怎么生活。"《十四堂人生创意课 II》中介绍过"虚拟死亡"的概念。每天睡觉前会想象自己就将在今晚死去，然后回想今日的种种、今日以前的时光，做个总回顾，回想今天最感动的事是什么，想一下，如果昨天就不在人间了，那么今天会错过什么？如果明天就死了，今天所体验的一切有没有意义？接着开始进入虚拟死亡的过程，想象自己睡着了就永远不再醒来，就专注今天体验到什么，能带走哪些经历。第二天醒来想象自己新生灵魂刚刚进入这个全新的身体，从四肢到躯干慢慢苏醒。眼前每分每秒发现的新世界，唯有重新生出感官，才能让麻木已久的敏感恢复。若感官敏锐了，只需要一点点的刺激，就会有很大的反应动作，此时只需看关键性的书、关键性的情报、关键性的表演与电影，就能产生极大的转化力量。

当知道了"虚拟死亡"这个练习，现在晚上我也会做。每当我开始回想如果今晚自己人生即将停滞在冰冷的海水中，随着海水慢慢融化，而第二天又重新苏醒复活时，虽然在同样的屋子却和往日醒来的心情有很大不同。像是上帝又给了我机会去完成之前未来得及做的事情，我的灵魂重新在这具身体里苏醒，每一天都是新的，今天一定要活得开心，像是明天都不会醒来一样去珍惜。

早晨，每一天都拥有，每一天也都在失去。

时间给每个人的一天都是公平的。

早一些醒来，你可以早一些开始创造属于自己生命的奇迹。

谁说人生只能是现在这样呢？因为你的翻转人生可以有很多样！

旭答关于天赋爱好的 10 个问题

1. 我不知道自己擅长什么？我也不知道自己的优势是什么？我怎样找到梦想的职业呢？

旭答：喜欢做的事情+擅长做的事情+别人会付钱给你。通俗意义上满足这三点是很多人梦想的职业，可是现实是许多人早已忘记且没有知觉哪些事情是喜欢的事情，出现这样的情况有两点原因，第一是暂时不知道，第二可能是心态上的问题，心态有问题，死活无论做什么工作都是无趣的。有趣的人无论做什么事情都是充满了兴致，你要好好观察一下自己是哪种情况。你擅长做的事情，许多人对自己很了解，所以目标通常很明确，但是有些人是要经历一段时间后，换了几份工作后才逐渐知道自己擅长什么，所以不用着急，总会找到的。如果你不是自由创业，大部分工作都是会付钱给你的，当你找到了前两项，我相信不久的未来在职业上的发展也会越来越顺畅。至于你梦想的职业你要问自己啊！你做什么事情即便别人不付钱给你或者付钱很少给你依然很快乐，梦想职业是依个人价值观而定的。

2. 我已经 40 岁了，人生前半场过得平淡无奇，还有寻找天赋的必要吗？

旭答：挖掘自己的天赋是一辈子的事情，和年龄无关。人生不过是 5 个 20 岁，每 10 年都是把一个爱好玩到一个高度，所以选择何时开始新的追求全看自己，不要被年龄限制。除了一些身体上需要克服的要求，很多事情都可以去尝试。

3. 做的事情如果家人反对得不到支持怎么办？

旭答：除了买房买车娶妻嫁人生子，家人可能对其他事情的支持热度并不高。很少有思想自由的大人，你觉得家人不支持你，可能你做了父母也会和他们一样。很多时候他们也是出于对你的爱和保护，希望你平平安安就好，没有指望你成就什么。像是中国有很多父母逼婚的背后也多半是怕你老了没人照顾，对你现在的状态和生活没那么放心。很多事情我们都可以一边应对社会的工作一面在私下慢慢进行，等到时机成熟，家人看到你的成果自然不会特别反对。当然这前提是你可能要辛苦一点了。

4. 如何将爱好变成职业呢？如何拉近梦想和现实的距离？

旭答：先不要想着职业的事情，先想着怎么玩得开心，这到底是不是你想玩的？玩到一定高度自然而然就可以变现了。

梦想和现实之间本来就没有距离，不需要费劲去拉近，梦想也不过是平常日子，解决一个又一个问题而已。

5. 我刚毕业，什么都很怕，也不知道未来要做什么？找到天赋的事情觉得离我很远！

旭答：曾经的你什么都不怕，现在只不过是暂时怕，你只是让自己恢复到以前的无畏。童年的我们都一样对什么都不怕，只是后来经历的一些事情和环境的影响丢失了一部分人格。你需要让自己从昏迷中渐渐复活，渐渐找到自己，找到天赋的事情也就不远了。

6. 我做着一份普通的工作，工资虽然不高，但是很快乐，我还需要去寻找天赋吗？

旭答：问问你自己的内心，那是最智慧的声音。这一生到底都想要遇见什么，若是现在很幸福即使没有任何的改变，随时死去也都无憾，那么找不找天赋都是一种变得更好的选择。

7. 怎样对一件事情永远充满热情呢?

旭答：不需要费心，真正爱的事情无论何时都会充满热情，永不知疲倦。

8. 你是如何定义天赋和使命的呢?

旭答：有人说天赋与使命是称为上帝的礼物；有人说他们天生拥有天赋与使命，对此他们从来没有怀疑过；有人说他们用了很长时间去探索，最终知道了自己的天赋和使命；还有人对天赋和使命全然不知，而且也不关心；还有人认为，天赋与使命是你内在才能的独特组合，是你用来与世界分享天赋，服务于特定人群，让他们从你的天赋中获得巨大利益的工具，它对你来说是很自然的事情，是与生俱来的蓝图的一部分。而我认为，每个人都拥有属于自己独特的天赋与使命，可能是一个可能是100个，而唯一制约它与这个世界见面的是我们自己本身。

9. 如何打破自己的制约?

旭答：读书、旅行、电影、话剧、写作、创业、交精彩的朋友、培养爱好、冒险……如果你能既活在当下又能自我察觉，有很多事情可以改变你的一生，一部好的电影可以解开你的人生疑惑，而一个精彩的朋友可以抵得上你读100本书。不断地自我察觉，只要打破一点点，思维高度上升一点点，就能立刻感觉到自己的不同，接着在继续拆掉思维的墙，如果有一天你回到了儿时的状态，什么都不怕，勇敢无畏就算是通关了。我们一起努力!

10. 你是如何找到自己的天赋的呢？

旭答：用了十年时间翻山越岭，蜕变、向内看、自我探索、察觉。

第三章　梦想也需要管理

绘制自己的梦想蓝图 找到梦想之间的链接

如果你在之前第二章找到积木的篇章，认真地整理了自己生命里所有重要的东西，在找到坚果那篇文章中得到启发，或者你根本就无须费力去寻找，很清楚地知道哪些是你该追寻的梦想？做哪些事情让你充满喜悦？哪些事情是你要突破现实和自己去追逐的？那么绘制蓝图这件事情显然就会很轻松。

或许你的蓝图只是一张纸几个字，但是请不要小看它，我看到的不仅仅是一张纸和几个字，那些都是表象，文字的背后藏着你的勇气。或许那幅蓝图在你心里已经很清晰了，就像你幻想拥有一间房子，很清楚也能看见屋子里的沙发、沙发的颜色和款式、床、地板、书柜、窗帘的颜色和花纹，那幅

图一直藏在你的脑海里，有没有画出来只是一个形式而已。但是对于很多人而言，可能并不清楚屋子里有什么，只是模糊地知道是一室一厅，其他的全都是模糊的，没关系！我们有许多时间，接下来的时间一件一件去比对、去寻找、去发现，就算是已经确定的家具也有可能会更换不是吗？所以现在你画不出这幅图也没关系，慢慢来。

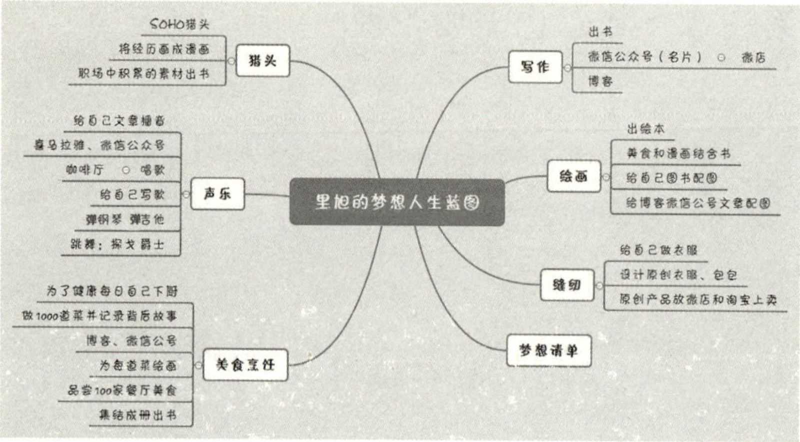

我画这张蓝图用了十年，这也并不代表这张图不会变，永远是这幅样子。不是的，它有可能随着我的年龄和心境的变化有所调整，人生本来不是就充满了变化吗！或许在 80 岁的时候我又打开了一扇新的大门，领略到新的风景，一切皆有可能。

至于怎么画这张图？方法有很多种，不必拘泥于形式。思维导图、本子、软件，都可以呈现，重要的不是画图的技法和华丽，而是这背后宁静的智慧和你找到的人生。

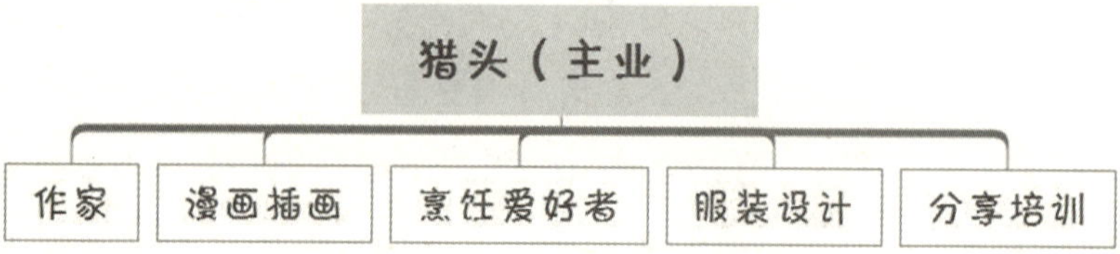

在梦想实现的初期，很多人像我一样夹在梦想和现实之间，我们需要一个主业来支撑我们暂时安全的生活。你可以有一个主业几个副业，他们各司其职，虽然你在主业领域做得普通，但是他们不知道你的版图，你将时间精力分出来一部分投入到了别的地方，主业做得普通很正常。这样虽然一开始会很辛苦，但是当你的副业玩到一定高度，它可以为你带来财富和资源，让你认识更多的朋友，带你进入更广阔的世界，回想当初付出的一切都会是值得的。

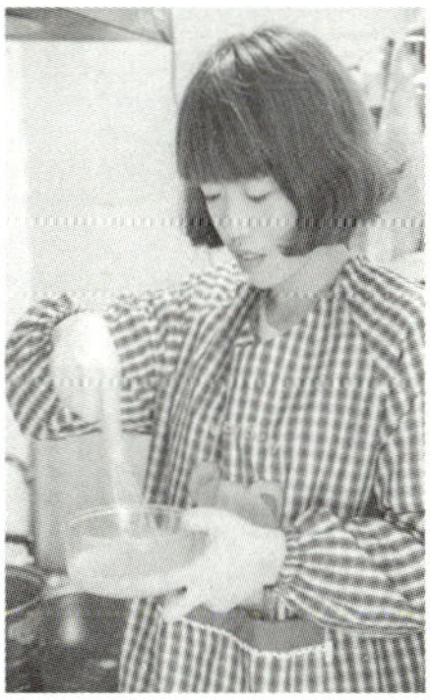

找到梦想之间的连接

你知道吗？你的爱好和爱好之间，你的爱好和主业之间，可能有无限的连接和化学反应。他们就像兄弟姐妹，相互独立各司其职却又血浓于水，因为都是你创造出来的，怎么可能不像呢？

当你有一天整理自己所有爱好的时候，在纸上做连线游戏，可能会有新的发现哦！而那些新的发现有可能就是你区别于别人，让你脱颖而出，单独会一个你可能做不到那个领域里的牛人，但是将自己不同界面进行交叉产生的优势是别人无法比拟的。还等什么，赶快去发现吧！

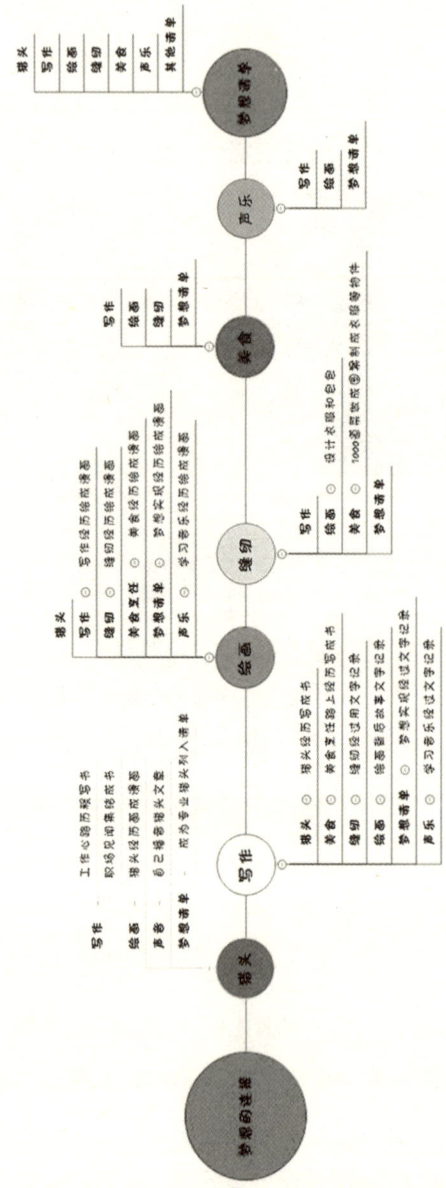

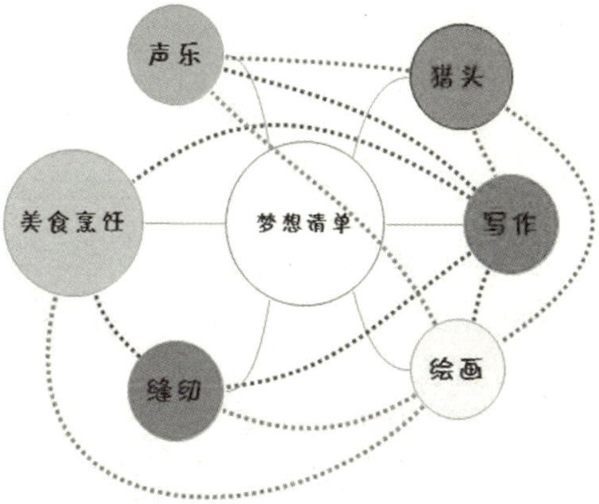

梦想关键词

有时候一年的计划并不需要那么复杂，可能只要几个关键词就可以很清楚了。

里旭二十岁第九年：

写作、读书、画画、电影、健身、猎头、烹饪、跳舞、缝纫

里旭三十岁：

写作、读书、画画、电影、健身、猎头、烹饪、跳舞、缝纫、探戈、钢琴、声乐、旅行、吉他

梦想和现实结合可能会用到的工具

梦想的实现很多时候离不开和现实的连接，以下让梦想和现实连接的工具或许能给你带来思路！你会用到哪些工具呢？你可能需要哪些工具去让自己的梦想发光呢？

工具举例：

写作、出书、演讲、创业、咨询、教学培训、表演、绘画、淘宝、微信公众号、博客、微博。

如何做梦想计划

每年年初估计许多人和我一样会充满兴致地开始做新年计划了，然后在年底的时候望着自己的计划心里也会产生一点可惜、自责和懊悔，因为计划被很多变化、突发事件和懒惰打败，带着些许遗憾新的一年到来仍然又会死灰复燃，仿佛过去就让它们过去，新的一年又重新开始了一切都是新的，在新年开始敲钟的时候不如再次许下新的愿望吧！再后来写新年计划变成了一种习惯，新的一年时间的齿轮开始转动，总习惯拿点提前做好的攻略去上路，不然那总觉得不踏实，虽然许多的事情发生偏离了计划轨道，但是那些不在计划中的遇见也格外美好。做计划的事情不再束缚自己，不完成也不会耿耿于怀，新年许下的愿望和期许给自己打的一剂满血复活针，就这样做计划成了生活的一部分。

做了这么多年计划，在做计划方面我知道虽然不是最好最专业的，但是我通过实践找到了最适合自己的计划系统，不再像以前一样慌里慌张，一看到别人做的特别炫酷就会想学习借用，许多东西适合别人的不一定适合自己，也不需要在制作精良上费多大功夫，适合自己的就是最好的，能起到激励和梳理自己的过往就好。

思维导图、印象笔记、本子是我常用到的工具，如果你不喜欢印象笔记软件用其他笔记类软件也可以，现在市面上很多笔记类软件都已经很成熟，有很多可供选择的。

年计划：

用印象笔记做目标管理资料存放，我会专门设置一个笔记本组为目标管理，关于目标和梦想管理的资料都放在一起。每条笔记是一整年，这一整年的目标和总结都放在一起。有时候打开这组笔记

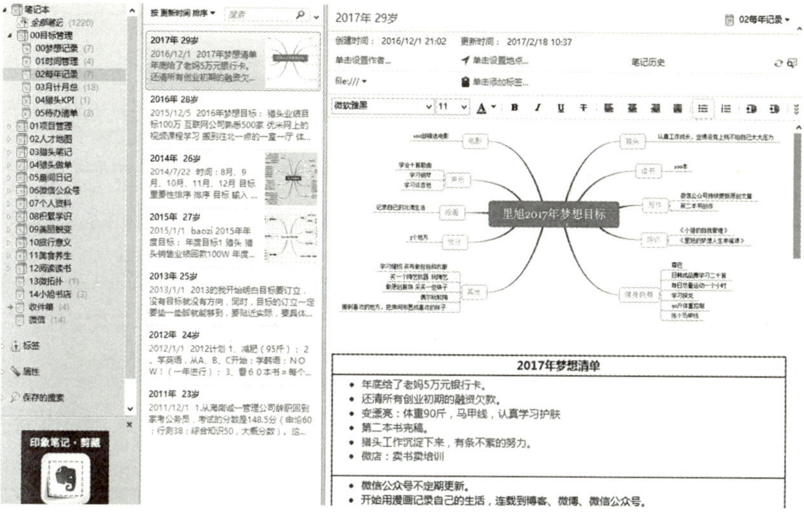

本像是在每年的时空里来回穿越，时间总是这样快的让你来不及思考许多，这些记录都是我们自己折腾的痕迹，回忆的宝藏。

用思维导图做年计划：

用思维导图做每年的计划目标，电子版本和手绘图都行，电子版本可以形成图片存进印象笔记里，原思维导图也可以存在印象笔记里方便日后可以修改。手绘版、纸质版可以拍张照片或者扫描存档在年计划那条印象笔记里，或者用手持式打孔器自己装订进手账本中。

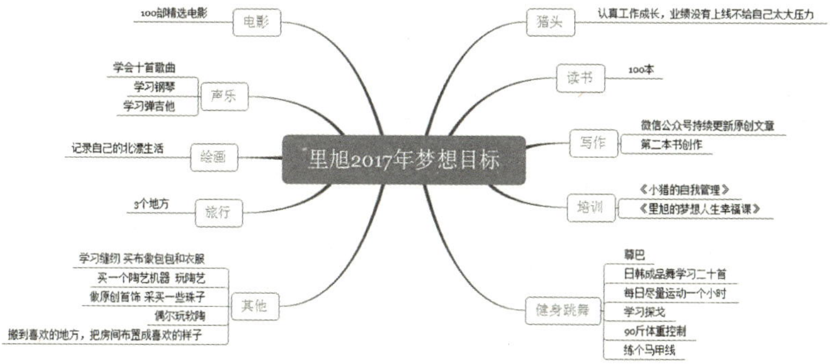

目标重要性排序

你还可以在目标细化上多做些处理，例如将当年的目标计划做重要性的排序，以至于在时间的投入上有轻重缓急，在结果的遇见上更具体和落地，看到最后努力后的结果也会变得很有动力。这是我最初在做计划上尝试的细化，但是后来的几年，当我的时间逐渐自由，对很多习惯的可控性逐渐增强，已经不会强迫自己在固定的时间一定要完成前进多少。因为我十分清楚自己在多少时间内能完成多少，多长时间内没有读完一本书也不会慌张，对目标的完成更加从容也少了许多压力。当然如果你是期望自己能有更大可预见的回报，也可以在细化目标上做更具体的执行策略。比如如果计划读50本书，那么每周必须读多少本？细化到每天是多少页？这样每周也给自己来一次年月目标的复盘，以掌控自己年计划进行的进度。这样高强度的计划执行可能会遇到一个问题，那就是当遇到其他事情需要你去处理，而和年计划冲突的时候，你又不愿意看到年计划进度表停滞，很可能会牺牲休息的时间，不那么在意健康的话。而我的系统是如何处理这种冲突的呢？我虽然在年读书计划那里许下了100本的计划，也会在月计划那里强调读书的重要性。如果遇到紧急事情我会平衡两件事情的重要性，如果到了睡觉的时间21：30我仍然会扑向我可爱的床，因为在我的系统里健康会比看书更重要，即使今年没有完成100本也无所谓，我会为了自己完成的目标而欢呼。

目标重要性排序

排序	目标	努力	结果
1	百万顾问	每周的工作日	半年回款40W左右
2	英语	坚持不懈 永不腻歪	朗文国际英语1册
3	文字记录	坚持写	博文60篇
4	健康	投入认真	健康有活力 早上起来不累
5	美丽	每天美丽一点点	痘痘消除 变白一点点 呵

年底总结也很重要

每年底做年度总结，数字上和心态上都会做总结，算是节点性事件。

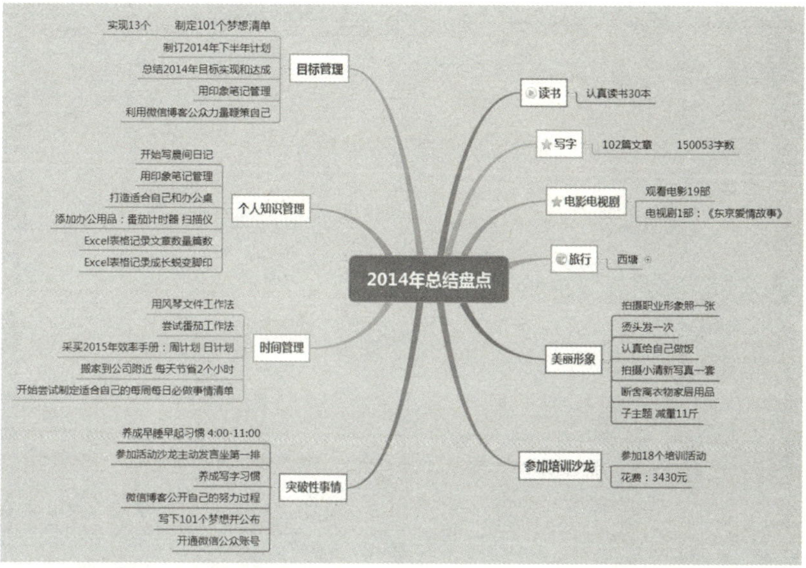

有时候年底总结会用思维导图做，这是 2014 年的总结盘点。那一年是我爆发性的成长，也是逼自己最狠的一年。除了思维导图数字上的总结，这一年在心态上的变化还有年度回看我都会写一篇文章。而后的几年，如果没有这么漂亮的数字总结我就不会做思维导图，而是写一篇文章，将这一年的心态变化认真记录下来。有些朋友会比较懊悔这一年没有按照当初设定的那样完美地落幕，其实完全不必这样想，过去几年的发生才组成了现在的自己，每一年每一天每一件事情的都是有价值的。

月计划：

白板月览表。这种月览表许多效率本都有这个功能，用效率本中的月览表也可以随身携带，用这种白板型的月览表方便浏览，我通常都把白板放在家里的书桌旁边，一抬头就能看见有提醒作用，左侧的目标清单表记录了一些琐碎的事情清单，你也可以用来写本月的目标。它的好处是这个月过去就可以用板擦擦干净，拍照存档进印象笔记每月目标总结那条笔记里。

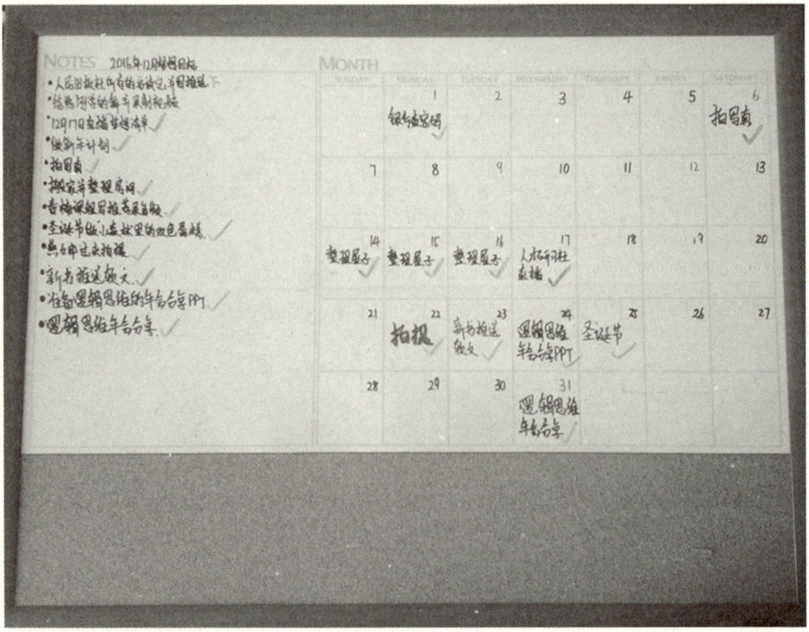

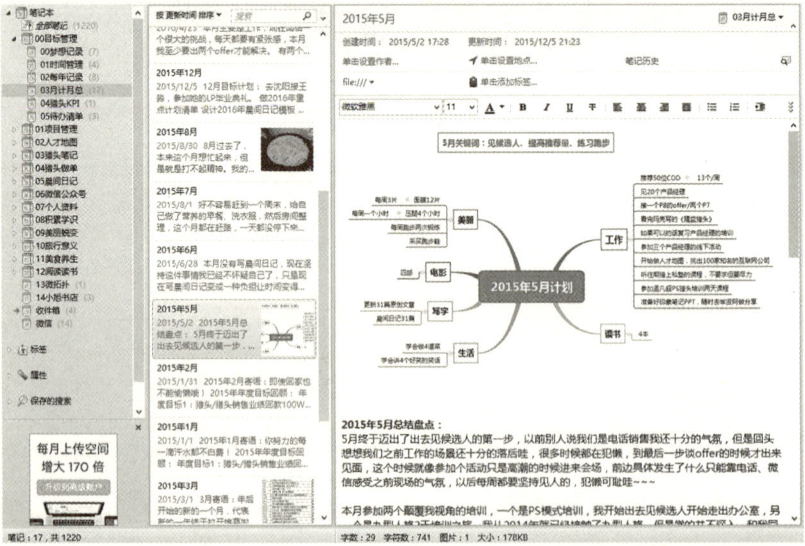

每月目标计划和总结放在一条笔记里，笔记命名可以是当月的时间，这样回头搜索的时候可以输入关键字很快能找到。如果这个月事情多，用思维导图做计划，如果没有那么多目标就可以用简单的文字做计划目标，完成的打钩，印象笔记有勾选功能，也可以用印象笔记中横线划掉功能。也可以把这张目标计划纸打印出来放在手账本中，用手持式打孔器装订好随身携带。

我之前用过这种月事一览表是贴在墙上的，用便利贴写下今日清单，每月一清，只要换便利贴就行。但是后来换到白板型月览表觉得更方便而且很省便利贴，但是这种月事贴相对来说大一些记录的东西多一些。如果你想记录事情比较多可以买一个大点的白板月览表，看需求而定。

周计划：

桌面周计划清单一览表

有时候用效率本，也有时候用这种周计划清单一览表，是从一位时间管理老师李参那学来的。

她说效率本一页用不完觉得可惜，也没那么多事情记录，就用这种周清单一览表，左侧是本周目标计划，右侧是这周的行动清单，这样一周做的事情就非常清晰。我买了一个透明膜把周清单放在里边为的是怕喝水时候弄湿，有时候也会在电脑前吃饭，铺上桌布也不怕弄脏。

梦想愿景板

我曾看过一些做得很好，画面很精彩的梦想愿景图。有图画有照片有文字，连我看了都觉得很有燃动力。我做的愿景板很简单，就是在手账本的前边粘贴一些梦想目标的缩小图片，如果完成就贴上一朵小红花作为奖励。我的愿景图不是以年为单位的，我的愿景图是我的所有的梦想清单或者说遗愿清单，本子章节有限只贴了部分近期在实现的梦想目标。但是过去几年实现过的、梦想成真的我都将每一个愿景打印成了图片贴在了一个大白板上。比起没有完成的愿景，那些已经完成的愿景更能给我慢慢的激励。它们仿佛时刻都在提醒着我：“你看，你有多棒啊！”

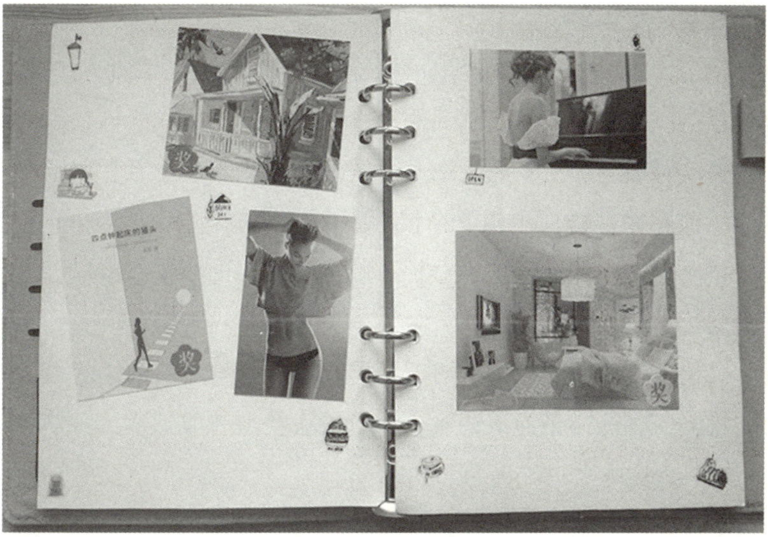

开始学绘画
坚持练瑜伽
不抱怨任何事情
买一台苹果电脑
个人知识管理
坚持写成功日记

我的经验积累：

每个计划目标要清晰落地可执行，每个计划目标采取哪些行动和途径可以达成要很清楚，我的一些目标虽然只是一段话是因为那个目标的背后已经在我的生活里形成习惯，我知道怎么和自己现有的生活很好地结合，也相信自己可以怎样达成目标。空闲的时间，不妨把重点目标做途径实现分析头脑风暴，咨询朋友或者自己上网查资料都可以。

如果一个目标很大，不妨把目标分成几个阶段，把大的目标做阶段性分割，这样努力每达到一个阶段也会很有成就感，像是游戏打怪一样。

梦想目标	第一阶段(1个月)	第二阶段(3个月)	第三阶段(1-2个月)
开始健身练马甲线	用1个月的时间了解马甲线和健康饮食的知识； 采购运动所需的衣服； 找家附近的健身房； 微博上关注几个健身达人，找点健身成功的榜样人物激励自己。	每天抽出2个小时去健身房锻炼。 饮食上开始自己做饭，做健康减脂餐，少油少盐多蔬果。	经过3个月的刻苦练习腹部渐渐紧实，中间有几天坚持不住耽误了进程，要对自己有耐心，可将目标延长一个月。

做计划既要有挑战也要有弹性

如果你每年看 30 本书一点都不成问题，新年计划还是定 30 本就会变得很平常。但是如果在数量或是质量上对自己有新的挑战和要求，整个人就会变得很有斗志，为了完成这一目标也会全力以赴想尽一切办法去实现这个目标。每个人都有可能会遇到不可预测的突发状况，如果突发事件打乱了你原本的计划不要慌，将一切突发都看作成正常的事情，要培养自己临危不乱的能力，这在做计划初的时候心底就需要给自己提前打个预防针，让计划变得有弹性一些。做计划也是为了梳理脑子里的杂事，减轻大脑的负担，让本来装杂事的脑袋变轻松，更关注在思考和创新上。当你开始重视做目标系统的管理，对自己的时间开始负责，已经通往在蜕变的路上了。

做卓越的自己而不是完美的自己

不要强求自己一次就做到完美，而是把做年计划这件事情看成是自己系统经验的不断成长和完善。要做卓越的自己而不是完美的自己，完美会看不到自己已经取得的成绩，总是追逐没有实现的目标，而卓越是每成长一小步都会给自己肯定和鼓励，承认自己真的很棒！

利用公众的力量督促自己前行

刚开始可将本月计划公布在自己自媒体平台或者博客上，用公众的力量监督自己不断前行，让自己养成做计划的习惯，一旦可以坚持下来之后也可以不用公布，不给自己太大的压力。

审视现状，勿将计划订得好高骛远

把目标定得有挑战确实会有动力，但是如果定成有完美的结果要实现不是不可能，需要经历几个阶段，很多人都会只盯住结果完成或是没有完成的部分，给自己的肯定较少时，如果没有完成计划会比较有挫败感。比踮踮脚就能够到的目标再远一点，不但可行也可以努力做得到，所以订计划前需要审视一下每个目标的目前的现状，看看自己距离目标到底有多远，以及现状和愿景之间的差距，清楚自己的起点。

白日梦练习

不要太担心自己定的目标是否会实现，让自己处于放松的状态。想象是操纵你态度的界面。清晨起床时，可以不用那么着急起床，在脑海里想象目标计划都实现后的画面。这样可以起到激励自己的作用，这种对未来的憧憬也会成为你今日能量的燃料。“你会把不断感知、思考和关注的事物吸引到你的生活中。”不要轻视想象的力量。一幅清晰的梦想画面图比一幅模糊不清的画面更有实现的可能。如果你想住进一栋梦想中的房子，在脑海里清晰地看见这栋房子的装修风格、床单的颜色、沙发、采光等，会比只是一个想法词语更容易实现。

照顾好自己的身体、情绪，保持积极乐观的心态

通过运动身体会释放一种叫作内啡肽的荷尔蒙，这种荷尔蒙可以让我们感觉良好。均衡的营养可以给大脑补充动力。曾在一本书上看到：心态影响着我们一生中吸引金钱的能力。一些碳水化合物的食物会让我们昏昏欲睡、脾气暴躁。可以看出实现目标的途中不仅仅要意志坚定，还受身体、环境、心态、食物、睡眠等很多平常事物的影响。静下心来，让生活一点一点变好，让自己慢慢走在一个正能量循环的轨道上，一切都会变好的。

除了目标　你更应该有系统

从 2011 年开始，我便开始做了很多规划，可是好几年过去了很多的规划都一一落空。读过我第一本书的人可能都有了解，后来的日子里通过我坚持不懈的努力又重新把局面扳了回来，这个逆袭的心路历程我已经在上本书分享过。而定制目标和计划上本书虽然分享过也只是一个小篇章，我会在这本书中详细地为大家进行分享，希望我的某些观点和经验能给你带来启发和灵感。

了解我的人可能都知道，2011 年、2012 年、2013 年持续做了三年的规划几乎全部落空，我开始变得有些垂头丧气。后来我参加了很多线上和线下的沙龙，参加过上百场的培训活动，为的是希望某个人或者某个观点能解救我一下，帮助我蜕变成心目中的自己。时隔三年又过去了，我开始不再那么急迫地寻找外援，向内探索的旅程已经开始起航，能帮助我们的除了外在的一些积极的力量最重要的还是我们自己，我才是一切的根源。

经常有朋友问我：究竟怎么做到早起的呢？其中还掺杂着一些对于自己的自责和懊悔。懊悔和自责千万不要经常发生，因为这是把能量用错了地方，不仅解决不了问题还可能会带来一些负面的蝴蝶效应。而这次分享的这个观念可能会对朋友们有帮助。那就是：除了目标，你更应该有自己的系统！

最近看过一本书：《我的人生样样稀松照样赢》，书中作者的关于目标和系统的观点我十分赞同：

“一个目标是一个具体的目的，你在未来的某一天有可能实现，有可能不能实现。一个系统则是你定期要做的事情，从长远来讲会增加你的幸福指数。如果有一件事你每天都会做，这是个系统。如果你等着在未来某一天去实现，这是一个目标。”“目标是一种达到并完成的状态，而一个系统是你经常性的行为，并合理地期望通过这样的行为你会达到生命中一个更好的地方。”

首先拿我来举例，当我有了早起的念头并开始用各种方法让自己养成早起的习惯之后，有个观念就产生了：早起是一种习惯。我把早起当成了一个系统而不是目标，如果是目标可能是这周、这个月、这半年都要四点钟起床，而系统是：从今以后早起是我的生活习惯。当有了这样的早起系统观念以后，即使某天起床失败，起得很晚我也不会责怪自己，我不会因为一天两天或者连续几天起不来而懊悔。我会在内心给自己暗示：没关系，这都是正常的，来日方长。当然如果持续不能早起，我可能要检查系统哪里出了问题，把智慧和能量都用在解决问题上。反过来，如果把目标定为这个月要早起，早起的时间定在五点钟，那么接下来的日子里，如果有哪一天起不来，定的目标不都是失败的吗？这就是目标和系统的区别。受系统驱动的人和受目标驱动的人，看问题的视角、思维方式、行动力都会有所不同。许多目标导向者在持续地感受到失败带来的负面影响，也在不断地消耗自身的能量，以至于最后对自己失去信心不再给自己定制目标，因为过去的太多次失败的经历让自己变得垂头丧气，就不再相信自己。

“无论从身体、智力或是道德上说，大多人并未充分发挥自己的潜能。他们通常只运用了自身意识以及心理资源很小的一部分。这就像一个拥有完整身体组织的人却只习惯于使用和移动他的小拇指。紧急情况和危机让我们认识到我们所拥有的重要资源远比我们认为的多得多。”威廉·詹姆斯如是说。

其实，每个人身上都有未被开发的潜力和能量，开关全在自己的手里。

举一个国内很有自控力的人物例子，还是郑渊洁。

他一个人每月写一本童话杂志，如今雷打不动已经整整坚持 31

年，而且中间从未有一天间断过，写过2000万字，杂志销量3亿册，如此毅力和坚持也已经打破世界纪录。想必他的故事许多人都知道，他和自己死磕了31年，每天写4000字才能保证每期《童话大王》的顺利完成。为了保证创作时间不受干扰，他从1986年开始，每天晚上9点之前就寝，清晨4点半至6点半写作，30年来，天天如此，从无间断，儿子郑亚旗说，每天一睁眼就能看见父亲伏案写作的身影。郑渊洁给自己订立的就是早起系统而不是目标，当然他的自控能力超乎常人，以至于31年早起从未间断。他的成功不仅仅靠运气，而是已经深入骨髓的习惯和系统。

在饮食系统方面，国内美容专家唐安麒在饮食瘦身上也有一套自己的系统。她提倡“唐安麒宇宙饮食”法，每餐吃七成蔬菜、三成主食（肉类、海鲜、稻麦类）。唐安麒喜欢吃素，她在香港大学进修中药营养学的课程后，对于营养、食疗很注重。会用喝汤、食疗等方法进行补身、瘦身。她独创的唐安麒宇宙饮食法，不仅自己受益，也帮助数百万人成功瘦身。

可以看出，那些拥有自己系统的人更容易成功。刚提到了饮食瘦身，我们进入饮食瘦身的世界，很多女孩都在减肥，现代人们对于颜值外表更加重视，所以很多人不惜用节食的方法来达到迅速瘦身的目标。如果你的目标是减重5斤，努力达到这个目标后，会有片刻的喜悦，之后稍不留神又会胖起来，因为节食减肥是会让身体迅速瘦下来，可之后的反弹会更胖。周而复始，不仅会损害身体健康，也会产生挫败感。而你需要的是定制一个适合自己体质的饮食系统、运动系统，形成自己健康的生活习惯，让身材一直匀称地保持健康体重。

我们来总结一下目标和系统的区别，建立自己的系统有什么好处？

目标导向会在转折点和完成时产生挫败感和失去目标，而系统导向的人每次使用系统都会成功，个人能量持续时间长。

每天都在做的是系统，未来某一天实现或一定时期内完成的是目标。每天都在运用系统长久下来会增加幸福指数，会越来越有成就感。

目标导向不易坚持，容易让人放弃。

系统导向会觉得自己每天都在成长，失败不过是尝试调整系统的方向。

与其浪费时间在目标失败的懊悔、自责、焦虑中，不如转变思维方式以系统为导向。以一种新的视角驱动自己不断前行。让能量持续均匀地保持着而不是忽高忽低。如果目前还没有目标的你觉得定制自己的系统可能会有些难，不如从定制目标开始，不过自己心里要有个认知就是：定制目标不是长久之计，早晚要形成自己的系统。我之所以能持续坚持做一件事情我想应该是当我思想开始发生改变，不再苛求自己一时目标的失败，而是把眼光放长远，以全新的视角看待周围一切的人、事、物也包括自己。也祝你早日找到自己的系统。

用印象笔记建立个人知识系统管理

我曾在第一本书《四点钟起床的猎头》中分享过一篇关于印象笔记的文章，不过很多是对猎头工作的管理和一些简单的功能介绍，猎头圈内的伙伴看了可能更有启发，这次我将这几年用印象笔记的心得写成精华篇，希望能给你带来一些启发和灵感。

这个瞬息万变的时代给了我们很多机遇，也给了我们很多挑战，我发现连身边的小朋友都开始有智能设备，许多未毕业的大学生在大三和大四就已经开始创业，想想自己在 24 岁大学毕业的第二年才拥有了第一台电脑，25 岁才拥有了第一部智能手机，相比于小朋友不知要落后多少。这是一个信息化的时代、互联网的时代，我们生活在一个信息过剩的时代，无论你多么孤独都不可能完全和这个世界脱节，你可能讨厌过多的信息涌入，但是却又离不开它。据统计，一个美国职员平均每人每天要处理的信息数量高达 190 条，英国人是 169 条，其中包括 48 个电话、23 封电子邮件、11 封语音邮件、20 封普通信件、15 则备忘录、11 个传真、13 条短信及 8 个移动电话。即使许多大人物也依然辛勤地工作着，张朝阳在接受第一财经记者采访时透露，自己每天只睡四个半小时，要同时干四块业务。中国人平均每周上网的时间是 26.5 小时，每天有将近 10 亿中国人使用手机近 3 小时，微信占了一大块。罗振宇新书《我懂你的知识焦虑》：“每个人都被空间和时间这两堵大墙，死死地压缩在肉身的牢笼中，唯一能够让我们越狱的就是知识。”浩瀚如烟的历史和瞬息万变的时代我们用一辈子也不可能学完所有，只能在自己个人的关注领域建造一方属于自己独有知识体系。

云端时代我们需要为自己增加一颗数字大脑，随身携带为自己所用。而 Evernote 这一款云端的数字笔记本就可以很好地管理我们的信息、记忆和生活，它是一款功能很强大的云端笔记。可以同时在 PC、手机、平板电脑与网页上使用的笔记服务软件，不限任何格式，文字、图片、邮件、声音、网页，都能记录在里面。用这款软件有 3 年多的时间了，也在一些场合分享过这款软件给我生活带来的便利，把时间投入到哪里，哪里就有变化，把时间投入到整理我们的时间、人生、生活，内心也会越来越清爽。与其把时间花在焦虑无聊上不如来一次酣畅淋漓的大整顿，一点一点整理曾经混沌的人生。

一、让工作更加高效

工作计划和总结

除了每月做月计划外，我还会单独做工作上的计划目标。除了周工作计划还有周工作总结、月工作计划和月计划总结。我们看身边那些工作很精准的人大都来自于日复一日地坚持和精进，除去特别有天赋的人，我们大部分都是普通人，既然这样坚持就显得更重要了。如果你是个勤快的人，也可以做每日工作总结，每天知道今日的重点是什么，待一天工作结束做当日的回顾。每周知道本周的重点，过一周一小盘点，周回顾的作用是看这周都做了什么，月目标完成了多少，如果有新的任务出现该如何安排和平衡手中的工作。每月一总结，审视一个月的进步和工作的完成情况。将累计的经验分门别类地存放在笔记中，同时期待下月的到来。而印象笔记就可以很好地帮助我们做工作计划，也方便存储和搜寻。我在自己的笔记里分别设置了“每月工作”“每周工作”两个笔记本，分别用来存储每月工作上的计划和总结，笔记标题也都记录得很有规律：“猎头工作 2016 年 5 月”“猎头工作 2016 年 4 月”，每条笔记里既有当月的工作目标也有当月的工作总结。印象笔记里有一些文字和表格的小工具，足够我们使用了。一年 12 个月，也就做 12 次规划和总结，只要坚持几个月就会形成习惯。而周工作的笔记本也是同样如此，“猎头周工作 2016（4.25—5.1）”“猎头周工作 2016（4.18—4.24）”等，你也可以设置标签，不过工作的标签要设置得特别些，如果你也写晨间日记，用时间例如 20160102、0102 这样做标签和工作标签要区分开，以防止搜索的时候有误差。

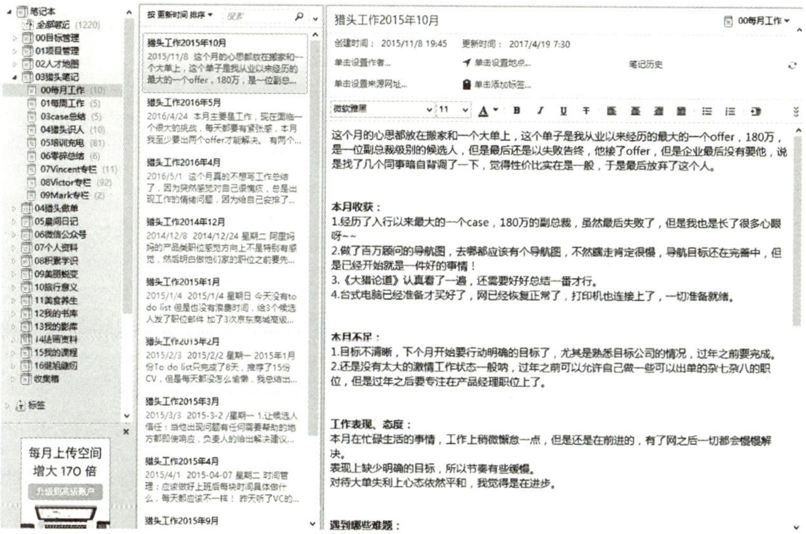

项目管理

无论做什么工作都会涉及一个项目，或是大的项目，或者是经常要进行的小项目。而我所在的猎头行业我曾用两种方式记录过工作的进程总结，一个是以服务的客户为一组笔记本，还有就是不分客户只记录每个操作的职位，做过的职位就放在“存档职位”笔记本里，正在进行的就放在“流程职位”里，这样形成了一个循环存储的工作流。如果你是做传媒行业，那么每档节目可以为一条笔记，如果资料比较多也可以设置单独的笔记本、甚至笔记本组。印象笔记支持两级分类，“笔记本组—笔记本—笔记”这样的结构，你可以在每个笔记本组和笔记前增加从 000—999 的数字，这样就可以调整笔记的顺序。印象笔记可以建立250个笔记本，标签可以建立10000个，不过不建议做太多笔记本，会显得臃肿，但是可以设置相应的标签，在信息的纵向做梳理，印象笔记的搜索功能还是很强大的。做好手中每一个项目管理有什么好处呢？除了精细化自己在这个过程中的成长进步，也将相应的资料做了存储，如果日后有需要的时候你能很快搜索出来，对当前的工作也是一个参考。或者某日领导突然想从你那里要一些资料，而你用不到一分钟的时间找到并给他看，一定会留给人高效的印象，相信机会也会随之多起来，因为你是一个用心的员工。

工作灵感记录

越是认真工作的人越是会遇到很多工作中的问题，想让工作越来越完美，不断地解决一个又一个问题，也不断精进着每一个工作中的细小环节，这样的状态每天都会有很多想法、灵感诞生，大部分优秀的人大脑每日都在思考、反省、总结。如果你在地铁里或是在等人空闲里有工作上的灵感和想法诞生，一定不要犯懒，要迅速地记录下来，工作中的成长不一定非要全部诞生在办公室，或许你正读的一本书就可以解决工作中困惑你已久的问题。而智能化的今天，我们很多人都习惯了拿着手机，盯着屏幕刷来刷去，不妨把灵感想法记录在移动端印象笔记里，或者在本子上画出创意图用手机拍照存档进笔记里。

碎片化工作时间

之前还在上家公司上班的时候，公司老板曾让我在内部分享印象笔记在工作中的应用，记得当时那个分享的PPT就是在地铁回家的路上完成的。很多时候我们都很忙，每个人的时间也都很宝贵，如果你能将所有的时间做好优化管理，你会发现碎片化的时间也可以做很多事情。忙而不乱，有条不紊，身忙心不忙才是我们追求的状态，珍惜自己的每一天，让所有的时间发挥最大的价值，你的付出总会有收获的。

行业信息收集

由于职业原因，我从事的猎头职业需要对行业信息很了解。进入互联网行业后我几乎每天都能听到新公司的名字，这让我很着急，不知道自己未知信息到底有多少，而在这个行业信息变化也特别快，有的公司还没等你认识不到半年就倒闭了，除了新创业公司更新得快，一些大公司也经常会有需要你知道的新闻，不然一提起来什么都不知道会显得自己不是圈子里的人。所以我为行业目标公司单独创建了一个笔记本，每个公司一条笔记，工作和新闻中有听到和这个公司相关信息的就会总结到一起，累积下来已经总结了 300 多条笔记，信息虽然不是很全，但是每增加一些信息都会心里踏实一些，虽然每个公司都不断在变化着，多了解一些知识信息就是增加了一些谈资，和别人沟通也会更有职业范。或许你不用像我一样储备这么多信息，但是无论身处哪个行业都有一些这个行业相关的知识需要了解和储备，多了解一些职业和身处行业的信息没什么坏处，说不定某个时刻就能帮到你。

会议记录

开会是每个人每个公司基本上都会遇到的事情，有时虽然我们没那么喜欢开会，但是却又不得不重视，因为有可能公司会布置给你任务或是宣布了某些重要的信息，也有时候某个同事分享的经验刚好给你很大的启发。如果你是个有心的人，不妨把这些都记下来，如果白板上有内容不妨用手机拍下来，本子上的涂抹也不妨用手机拍下来，然后一并放到印象笔记中存档。如果领导或是同事想要你的会议记录，通过印象笔记顶部分享功能直接发送到他们邮箱里或是建立共享印象笔记本组，就都可以看到你做的记录了。

经验库积累

无论你身处哪个行业，无论你工作几年，都会沉淀一些经验，那是你每日总结或是夜以继日背后的收获，所以这些宝贵的经验无论它现在有多么浅都应该被好好保护起来。未来的某一天，当你不是新人的时候需要你给大家分享一些东西的时候，之前的所有积累都会派上用场的。放在印象笔记里存储的好处是，你不用担心承载它的东西会损坏或是丢失，在任何一台电脑上都可以登录并找到或是编辑。如果有些总结已经很完善，就将它们单独放在一个笔记本里作为成品经验存档，日后有机会可以直接拿出来作为分享资料。

在经验库的分类上也无须伤太多脑筋，你只要开始总结并坚持就很好了。我所在的行业有一套工作的流程，所以我按照工作的操作流程前后设置了详细的笔记本顺序，当你开始做这件事情以后一些分类的灵感自然而然地就会浮现，坚持经验的总结积累才是需要你一直都重视的。

培训充电

在这快速发展的时代，自我教育和他人教育一刻都不能停止，许多职场人都有终身学习的观念，所以培训充电是必不可少的。目前，随着移动互联网的发展，在线教育也很火热，我们不用出门就能听到很多收费或是免费的分享。而在听别人经验分享的同时，你产生的灵感或是想法都是很重要的，不管分享者讲得有多好，给你的启发才是最有价值的，我们要认真地保存这些信息。我的梦想清单中曾写下参加 100 个培训的想法，并给培训设置了一个笔记本，每参加一个培训就创建一条笔记，培训中所有相关的内容都汇总到这条笔记里，截至目前一共有 81 条笔记，参加 100 个培训的清单也快完成。你可以用印象笔记直接录音，印象笔记客户端的麦克风也可以录制音频文件，但是如果音频比较大就不建议存在笔记里。如果是现场活动，那么在活动中结识朋友的名片也可以存到笔记里，你也可以加上对这个朋友的一些认知，再见面你能回忆起当时的情节，也会让人印象深刻。培训活动老师的课件，或是你现场做的笔记拍照的照片，你的总结和启发都要好好保存，因为参加活动你付出了时间成本，所以务必要让它们产生更大的价值。

重要邮件存档

重要的邮件存档在邮箱里不易查找，因为我们经常会收到很多邮件，容易埋没在邮件的海洋里。如果把一些重要的邮件发送至印象笔记里，也可以放到相应的工作项目中，统一管理查找起来也方便。这样就不用需要一些重要邮件时到邮箱里翻找，节省了很多时间成本。

每个印象笔记都有一个专有的邮箱，将有价值的邮件发送到印象笔记邮箱，这样就可以将邮件进行统一收藏了。

二、统一存储，让信息都有了各自的去处

建立收集箱作为默认笔记

我们的笔记存储的内容要像工厂一样建立一些秩序和流程，不能什么东西都往里放，那样只会让笔记变得臃肿。印象笔记有默认笔记功能，可以设置一个“收集箱”作为默认笔记本，把所有未经过我们大脑加工过的信息资料都存储在这里，这里包括在朋友圈看到的不错的文章，微信关注“我的印象笔记”一键保存至印象笔记，就会默认到之前设置的笔记本里。微博中看到有价值的信息可以通过绑定微博@ 我的印象笔记对信息进行收集。每周或者每月清理一

次，把收集到的信息存储到相应的笔记里，大脑也会变得清爽。

灵感、零碎想法随时记录下来

每天从睁开眼的一刻起，我们便与这个世界有了连接，推开家门去上班、打开手机、打开邮箱、遇见家人同事、路过熟悉的街景、去餐厅吃饭。你和陌生人的对话、你和家人的对话、看到电影里的对白这所有的一切都可能让你产生新的灵感、新的想法、新的创意。作为一个生活有心人，你要把这转瞬即逝的一切记下来。或者是别人和你说的一段话，或者是路上遇到的某个场景瞬间拍的照片，记得把它们都存储下来，因为这些都是非常有价值的。我专门为灵感设置了一组笔记本，有时工作中忽然冒出一个想法，为了不打断目前的工作，就会将冒出的想法记录下来然后接着工作。如果你是做创意工作的，平时遇到的一些创意的图片、艺术品都可以拍照存档，日后工作中也说不定可以用得上。

收集网页资料、微博、微信

印象笔记可以在浏览器中安装“剪藏”插件，可以一键收藏各类网页图文，会自动保存至印象笔记。安装完“剪藏”软件，会在工具栏中看到大象头按钮，点击按钮就可以一键收藏想要保存的页面。这样平时我们遇到想要收藏的页面，点击按钮就可以把资料统一收藏至印象笔记中进行保存。

新浪微博中关注“我的印象笔记”微博，在原微博评论中@我的印象笔记，就可以将原微博存档至印象笔记中。打开印象笔记查看是图文并存的原微博，这样平时即使是刷微博也顺便收集了一些资料。

平时刷朋友圈或者浏览某个公众号看到不错的文章，也可以一键将文章保存至印象笔记中，只要关注“我的印象笔记”微信公众号，按照相关提示将自己的印象笔记与微信公众平台绑定成功，就可以收藏很多看到的对你有帮助的文章。可以设置一个默认笔记本“收集箱”，这样保存的文章都会有秩序地存到这个笔记本里，有时间再将这篇文章对你有启发的部分剪切到相应的笔记中存档。日积月累你的资料库也会越来越丰富，想找什么资料时候输入关键字，相关的笔记就会涌现出来。

各种文件的保存

我们经常会遇到的文档如：Word 文档、Excel 表格、PPT 文档、PDF 文档、思维导图等，都可以保存至印象笔记中。不过不建议保存太多，PDF 文档导入印象笔记中是可以直接浏览的，如果是其他附件你还需要再点击查看，不如直接复制文字内容到相应的笔记中。不过有些项目的相关资料直接以文档形式保存更省事，日后查看项目资料当时的附件资料也可以一并搜到。思维导图可以保存图片的同时保存原件，这样日后想要更改的时候打开原件就可以。

纸张电子化

有时候去银行，会直接在 ipad 上办理业务或是签名，身边的很多朋友也会用 Kindle 上看书，因为只要带着它出差或是旅游就可以省去带书的麻烦。我们生活的时代电子设备取代了许多纸张。虽然纸张也有纸张的好处，但是有个弊端是我们不可能将家里所有的本子、文件随身携带，那样太麻烦也占用了不少空间。而如果你用印象笔记进行统一管理，可以将一些文件拍照存档至印象笔记中，印象笔记高级用户还可以搜索到图片上面的文字，不需要特别保存的文件例如合同之类的，就可以直接扔掉。这样无论你身在何处都可以携带各种文件，若是电脑上没有安装印象笔记软件，登录印象笔记网页版也可以查询到。当然最方便的还是手机，我们身处的现代社会到处都有 WiFi，查询也变得方便起来。

三、优化生活学习

移动书库

我的印象笔记中专门设置了“我的书库”的笔记本组，里边有电子书存档，看过书的读后感存储，一些推荐的书单，有的是在微博上看到的推荐书单微博图片，有的是在书中看到的相关书籍，我都会把它们记录下来，如果是自己完成了一件事情会奖励自己，采购心仪已久的书籍。我们在看纸质书的时候，上边会留下我们涂抹的痕迹，你可以将涂抹的那页用手机拍照存档至印象笔记中，或者直接下载这本书的电子版将想收藏的部分存档至你的书库里。书中一些有意义的句子也可以手动输入到书库的笔记中，如果日后写作需要可以随时打开查看很方便。不知不觉，这个书库会变得丰富起来，而你也随时随地携带了一个移动书库。

电影库

我会为电影专门设置一个笔记本组，里边有“看过电影”和“推荐电影”两个笔记本，看过的电影存储了我以前看过电影的影评，还有一些带有字母的画面截图，这样我平时在写文章的时候如果想起了和某个电影很吻合的场景就会去搜索电影名字，每条笔记是以电影名字设置的。而推荐电影里面存放了一些在微博和微信公众号里推荐的影单，还有在读书和朋友聊天中听到的一些好看的电影都会认真地把它们记录下来，等到有时间想看电影时就会到里边查看，许多平台都能找得到一些优质电影的介绍，可以帮我们过滤，毕竟时间是宝贵的，即使看电影也要将时间浪费在优质的电影上。

旅行小助手

我为旅行专门设置了一个笔记本组，里边有“背包知识”“旅游攻略”“待办旅游”，平时会看到一些旅游达人辛苦汇集的旅游攻略帖子，如果碰到你想去的城市的资料不妨把它们提前收集起来，这样等到我们要准备出发旅行时，这些资料就可以作为参考。而“待办旅游”我会用来放一些平时收集的我想去旅游城市的资料，等到有假期直接出发即可，攻略早已提前准备好，心里会比较有底。而我会将护照的扫描照片也存档到印象笔记中以备不时之需。如果旅行的途中没有网络可以设置为离线阅读的笔记本，这样分类里的内容就会下载到你的手机里，就算没有网络也可以拿出来查看。

美食食谱

作为一个入坑很深的吃货，平时一日三餐我都是自己亲自料理。我喜欢收集各种美食餐谱，微博上也关注了不少美食达人，许多感兴趣的餐谱都被我收集到了印象笔记“美食养生”的笔记本组里，包括一些蔬菜营养的认知，以及自己形成的一些固定的美食餐谱和烹饪经验都整齐地存档。平时想做某些菜时，你可以拿着电脑或者手机在印象笔记中找到食谱照着做。也可以存储一些餐厅的地址信息，下次再次去时查阅也比较方便。

建立个人知识体系 打造自己专属的知识库

罗马不是一天建成的，每个人的关注领域各有不同，收集的信息形成的体系自然也不同。我刚接触印象笔记时将手里所有的资料都放到了里边，但是笔记变得很臃肿，查找也不方便。后来我制定了存储规则：笔记中只放自己大脑加工过的东西，未加工过的东西全部放在“收集箱”里。这样经过一番折腾，随着笔记逐渐增多也越来越有成就感，因为许多知识信息文字都是从属于自己的东西也都和自己有关系。我们要存储对自己有用的东西，而不是让笔记变得越来越臃肿。而分类是一个循序渐进的过程，不用过度在意版面的编排。用一段时间之后在分类上自然会形成自己的习惯和经验。印象笔记已经不单单是一款笔记软件这么简单，而渐渐变成了我工作和生活的指挥中心，也成了一个强大的、个人的移动知识库。因为这个第二大脑让我们的头脑有了更多思考的时间和空间，让生活变得更有条理。

建立个人的知识体系，打造自己专属的知识库是一件长期需要坚持的事情，即使我们走出了校园，自我学习自我成长依然很重要。希望这篇文章能给你带来一些启发和灵感，如果此刻你有新的想法诞生一定要行动起来，相信你的人生一定会越来越好的！

怎样形成自己的饮食系统

“你的身体，就是你饮食的总和。”“而你现在吃下的每一份食物，都会决定将来十年后你的样貌。”这是曾在伊能静《跟身体谈恋爱》中看到的，至今仍记忆犹新。

以前因为减肥，看了很多关于减肥的书，我和许多女孩一样，在这条路上越挫越勇，面对美食的诱惑总是想着：“再最后吃一次，明天再开始减肥!”然而，当减肥到一定境界，时过境迁之后，终于大彻大悟，唯有健康均衡的饮食和合理运动才是保持身材的不二法则。

许多时候当我们开始暴饮暴食后，虽然暂时满足了口欲，却在无意中吃下去很多垃圾食品，垃圾越堆越多，拖着这样一个身体，随着年龄的增长越来越难代谢掉，许多现实的问题也会接踵而至：皮肤粗糙、口有异味、代谢力差、肥胖等。

在一本书上曾看到过：

“饮食合理的人不会被人生道路上的小坎坷所困扰，也会有更乐观的人生态度。”

“决定你的能量水平继而决定你的心情的主要因素是你最近吃过的东西。”

导致你坏心情的主犯是缺乏以下五大要素之一：灵活的时间表、想象力、睡眠、均衡饮食、运动。

“当你健康、快乐、充满活力时、人们更可能与你发生联系，成为你的朋友，雇用你，有时这一切都发生在同一天。”

当下状态不好时，有没有想过是吃下去的食物造成的影响呢？虽然这不足以成为全部理由，但是饮食对于一个人或多或少是有影响的。中医营养学讲究“药食同源”，每个食物本身都有其营养价值及疗效。这不是一本科学的营养学的书，而是对于一些我自己的饮食系统经验的一些分享，为的是希望读这篇文章能带给你一些启发，开始多关注自己、爱自己、对自己有耐心，开始探索自己的饮食系统进而形成良好的饮食习惯。照顾好自己才能照顾好自己的梦想。

了解自己的体质

“体质”是在中医理论发展过程中形成的概念，传统中国医学的独特理论，也就是一般常听到的寒、热、虚、实。人共有9种体质：平和质、气虚质、阳虚质、阴虚质、特禀质、气郁质、血瘀质、痰湿质、湿热质。而食物本身一般也分为：寒、凉、温、热、平，寒和凉、热和温。

我们都应该多了解自己的体质，再选择正确的食物进行调理。我在了解自己的体质的相关信息后才发现很多东西例如脸上的粉刺不仅仅是要买合适的化妆品，还要从内而外地进行调理。我也是最近几年才开始重视起来，以前还是上班族的时候整日忙得团团转，回到家赶紧洗漱然后上床倒头大睡，每天像打仗一样要赶在晚上十一点之前睡觉，以便第二天凌晨四点钟好起得来。城市中的上班族估计很多人会像我之前这样，有觉睡就不错了，哪有时间关心自己呢？可是仔细想想真的没时间吗？一点时间都没有吗？还是没那么重视呢？关爱自己是一件必要的紧急的事情，懂得为自己未来投资的人都会明白这个道理。投资自己的身体这件事情绝对有回报，和我们相伴到老的除了爱人还有就是我们的身体，爱人有可能会离开我们但是直到生命的最后一刻身体都忠诚地陪伴着我们。你对它细心点关爱些，身体才不会给我们添麻烦，支持你去遇见更多美好的事情、实现更多的梦想。如果真的爱自己就从了解自己的体质开始吧！

拒绝有毒的食物

油炸食物会把食物中的营养和水分都带走，只会越吃越老。烧烤食物外焦里嫩，有的肉里还没有熟透，有可能导致染上寄生虫，食品过焦时会致癌。美国一家研究中心的报告说，吃一个烤鸡腿等同于吸 60 支烟的毒性。而吃烧烤的女性，患乳腺癌的危险性要比不爱吃烧烤食品的女性高出 2 倍，也会增加患卵巢癌的危险性。烧烤食品有强“毒性”。

味精也要少吃，会增加肾脏功能负担。远离刺激性食物，如方便面、饼干零食、腌渍品。

加工肉类含有大量的防腐剂，会增加肝脏负担，去超市的时候我从来都不买香肠之类的，虽然有的时候也很想吃，但是一想起“苏丹红”“吊白块”“瘦肉精”等会立马打消这一想法。

汽水会带走人体大量的钙，补了半天的钙想想被一瓶汽水都带走，也会觉得费力又费钱，还有汽水的含糖量过高是减肥的杀手。

其实我也很喜欢吃方便面，每次看韩剧的时候觉得他们的拉面特别好吃，红乎乎的配上辣白菜和香肠的话就更有食欲了。可是，方便面的含盐量偏高，而吃盐过多易患高血压且损害肾脏。除了含盐过高，方便面用油炸过，油炸后可减去面中水分能延长保存期。这些油脂经过氧化后变为“氧化脂质”，它积存于血管或其他器官中，加速人的老化速度，易导致脑溢血、心脏病、肾病等。方便面的调料包里的油包也很不健康，人吃一包方便面，肝脏解毒需要 32 天。想想这些后果，更加坚定了我戒掉方便面。

我们只要远离表面是果冻、薯片、火腿肠、方便面、派，但背后是添加剂、致癌物质丙烯酰胺、发色剂、防腐剂、香料，健康青春活力便会常伴左右，最好的食物应该就是没有通过人工加工的食品如青菜、五谷杂粮。如果我们都认识叮当猫，让它带你去到未来，当看到未来臃肿肥胖、没有活力、苍老的自己估计谁都会有决心戒掉这些隐形的毒品了吧。

形成良好的饮食时间

以前还在猎头公司上班的时候，虽会遇到经常加班的时候，但是每当晚上六点钟一到，不管有什么着急的事情需要我处理我都会推到一边，因为这是我的吃饭时间。还有什么事情能比得上吃饭重要呢？所以我的吃饭时间放在了晚上下班后的 6 点至 7 点之间。而现在因为自由职业，时间弹性，我将晚饭提前到了晚上 5 点到 6 点之间，并且 7 点之后不再进食任何食物，连水也不再喝了。如果我们晚餐吃太晚的话，不仅会影响夜间的睡眠质量，同时也会堆积大量的热量，甚至很容易导致泌尿系统结石。当习惯一旦形成身体会有记忆，每当到特定的吃饭点会提醒你该吃饭了。

早餐一定要吃

“早晨，既是开始，又是道别。早晨，既是免费的，又是奢侈的。早晨，每一天都拥有，每一天都失去。”

冷冷冬天的早晨，厨房里弥漫着做饭的香气，想着一会即将开始的晨间时光，仿佛整个世界都很安静，不开手机让世界继续保持安静。我喜欢一边翻看美食书籍一边享用自己亲手做的早餐，踏实又温暖。

“我们渴望将生活过得更美好，殊不知提高生活幸福感的最直接方式就是吃一顿好的早餐。在早餐时光里将自己的焦灼情绪慢下来，就在刹那间，忘掉自己的身份、过去、未来，只是作为一个普通的具有听觉、嗅觉、触觉、感觉、视觉的人而存在，细细品味忙碌生活中的短暂歇息，感受身体从沉睡的状态中慢慢苏醒过来。昨夜闭上眼睛之前感受到的那个世界，无论是危险还是美

好，是恐惧还是充满光明，都已经成为过去。”——《早餐，真的太重要了》

自己在家动手做早餐，体会人间烟火的乐趣。每当我早早起床，认真给自己做早饭，不紧不慢地吃完，看一个小时书抬头看表的时候天才蒙蒙亮，就觉得自己赚了很多时间。

早餐真的很重要，早餐能把能量最先供给到大脑，让我们有清晰的思路和判断力进行一天的工作、学习。不吃早餐，不仅会营养失衡、引起胃肠疾病，还会出现身体不适、容易衰老、精神无法集中等各种问题哦！

所以，早餐一定要吃，要认真地吃，身体不出问题就不会麻烦家人和朋友，所以健康饮食也是对家人和朋友负责。

素食

现代社会中素食者越来越多，也趋于年轻化。素食主义不再是一种宗教和教条，素食者也没有道德优越感，选择素食只是选择了一种有益于自身健康、尊重其他生命、爱护环境、合乎自然规律的饮食习惯，素食已经逐渐成为符合时代潮流的生活方式。

大部分时间我吃素食比较多，自由职业之后，我开始节省各种开支，因为肉很贵所以一般不买。我选择素食的原因是，认为素食对健康有好处。但是我不是完全不吃肉，特定的场合当朋友聚会时如果都是肉我也不会矫情地不合群，但是这样的聚会不多，为了健康我也会吃少量的鱼肉。

素食有很多好处，如降低胆固醇含量、减少癌症机会、减少寄生虫感染、减少肾脏负担等。

如果不吃肉，蛋白质从哪里获取呢？黄豆的营养价值最高，它是婴幼儿食品中优质的蛋白质来源。花生、瓜子、芝麻、核桃、杏仁、松子、鸡蛋、奶酪、蛋白棒等食物都可以获取优质的蛋白质。缺乏蛋白质会带来一些问题，因为我们人体 70% 是水分，20%是蛋白质，不管是不是素食者，蛋白质不足会使营养基础代谢数量较少，进而出现脱毛、贫血、腹泻和浮肿等现象，严重的还会引发一些疾病。但是素食的好处是当你吃瓜子或是爆米花时不用担心变胖，可以尽享地享用，而且也会因为少吃肉身体变得更轻盈，这估计是很多女孩都向往的吧！

我曾经特别爱吃冰激凌，童年时我家里还没有冰箱的时候，我无比羡慕那些家里有冰箱的小孩。我没什么爱好就是爱吃冰激凌和零食，对玩都没那么感兴趣，那时候真是快乐，每当胡同里卖大白兔雪糕的人又在高声叫嚷时，我都会下意识地看看兜里有没有钱。后来直到大学去海南念书，因为天气炎热仍然没有改掉吃冷饮的习惯。25 岁之后，我开始重视起自己的健康，开始对自己负责，虽然有些晚但是总比没有开始要强。有些饮食习惯是可以改变的，从大脑的认识开始改变，吃身体需要的食物而不是满足食欲的食物，而身体也会记得你对它的好，在短暂的几十年里不给你添乱，好好地陪伴着你。

最近每天早晨我都会给自己煮益肤葛芋粥。头天晚上将糙米、薏仁、芡实、红豆、扁豆用水泡一个晚上，第二天放进电饭锅里煮，临近快熟的时候放枸杞、木瓜丝和用清水稀释的葛根魔芋粉。这个粥是我在网上无意间发现的，魔芋具有很强的饱腹感，能减少热量摄入；葛根含有黄酮类物质，薏苡仁有祛湿利水的作用，据说很多明星都在坚持服用这个粥。我将这个粥分享给身边的朋友时，她们也并不觉得麻烦，就算是冲着功效和健康也愿意试试。以前我还会给自己每天早上不重样地做早餐，但是自从早餐换成这个粥之后变得省事多了，也节省了不少时间，但是总吃这个粥也会变得单调，也会添加一些别的食材。

怎样减少做饭的时间又不失营养

高温烹饪是不健康的，因为会破坏食物中的酵素，也会增加肠胃负担。正确的烹饪是蒸、煮、炒，不会令食物产生毒素，也能减少食用过量的油。所以冰箱里的食物需要提前储备好，经常吃的食物要总结出烹饪的方法。我的烹饪方法最多的就是水煮或清炒，然后放入固定的油，放油我习惯放椰子油，每顿一勺不贪心。椰子油具有促进新陈代谢、防止皮肤老化的作用，并且椰子油富含丰富的月桂酸、辛酸，具有很强的抗病毒杀菌功效。所以我的冰箱里常备几瓶椰子油作为储备。

总结：

了解对自己身体好的食物，对每种食物的做法都了然于心，你可以找到自己喜欢又健康的方法。

每周末去一次超市，采购一周所需要的做饭食材。

周末时列好本周饮食清单，这样每天就不用额外花时间去想今天要吃什么。

如果外食就餐，应该选择有营业执照、卫生许可的早餐店。

早餐搭配建议：主食+蔬菜+小荤+水果（最好餐后一个半小时再食用）

如果嫌第二天洗菜麻烦可提前将蔬菜洗干净放入冰箱，不过要等蔬菜残留的水干掉，不然容易滋生细菌。

电饭锅一般都有预约功能，可头天将米放入电饭锅，第二天早晨醒来做早餐会省事不少。

饺子、包子可提前做好放在冰箱里，早上起来后微波炉或者蒸一下就可以吃了，方便又健康。

自己做好的面条放在冰箱冷冻层里，想吃的时候拿出来烹饪，不过不易放太长时间。

我常吃的食物列表

胡萝卜、西蓝花、菜花、苹果、南瓜、山药、海带、蘑菇、青椒、地瓜、鸡蛋、燕麦、洋葱。

糙米、枸杞、葛根、红豆、薏仁、魔芋、枣、芋头、黑豆、火龙果、木耳。

找到适合自己的饮食系统（我的健康饮食总结）

早晨起床后，喝一杯温水。

晚上 7：00 后不进食，包括水。

辛辣、油腻、甜食、油炸基本上不碰。

每天保证吃一个水果，补充膳食纤维。

三餐按时吃饭，形成习惯。

每次吃过一个新的食物注意观察自己的能量水平，逐渐找到自己的模式。

炒菜时少放油多放水，最好蒸煮烹饪。

不吃冰冷的食物，不喝冰冷的饮料，饮料只喝不加糖的鲜榨果汁。

不吃加工食品，多吃新鲜的蔬菜和水果。

选择好油，目前主要吃椰子油。

我们在不断地尝试中努力构建自己的饮食健康系统，这样既能节省时间又不会消耗太多的意志力，而且越来越知道什么食物更加适合你，哪种烹饪方法最简单、最美味、最健康。看到一种食物你可能会想到好几种做法。而这个过程是需要我们自己去亲身尝试和积累经验的。别担心，系统一旦形成，自然而然地变得简单起来，做饭也不再是件麻烦的事情，而是不断为自己付出的过程。

我的宝贝们

将时间关注在自我管理上，成就了自律的我，如果那几年我将注意力全部关注在脸上，现在应该分享的是护肤品之类的吧。时间是一张无形的网，今天关注的点放大100倍之后你可以自己遇见明天。信息类的东西我存储在印象笔记中，照片类的存储在网易相册中，内容比较大的视频类的文件一般存储在百度云盘中，现在可选择性的软件很多。这次分享的东西不完全是时间管理方面的工具，还有一些让生活和自己变得更好的物品，虽然有些本子占了存储空间，但是生活中我们仍然不可能完全摒弃纸质类。

风琴夹

风琴夹工作法是2014年在李参时间管理课程中看到的，她细致地将一些灵感行动的纸条分类放到标有不同名称的文件夹中，而各个文件夹名称是按照时间划分的，如马上做、明日做、本周做、本月、今年。我当时看了很受启发，但是对于拿着一个大的风琴夹来说比较不方便，所以我去某宝上买了一个迷你的文件夹，刚好能将灵感便签条放下，然后随身携带在包里，在外边一有灵感就写下来然后放到文件夹里。有些完成的灵感和琐碎事情的纸条会将它们统一汇总到一个文件袋子里。这样比较有秩序，也比较方便。我是一个特立独行的妹子，包里放的通常不是保湿喷雾抑或是口红，而是这些七七八八的神器。

灵感便笺纸

上边介绍了用风琴夹存放灵感条，所以接下来会分享灵感便签纸。有一种便笺纸是背后有黏性的，有一种是没有的，我习惯用背后没有黏性的便笺纸。因为比较零散，上边的事情都完成之后统一放到一起存储不会粘在一起。有专门卖这种纸的承载盒，如果你觉得拿着比较麻烦的话可以放在一个布艺袋子里。关键就是用的时候取出来方便。

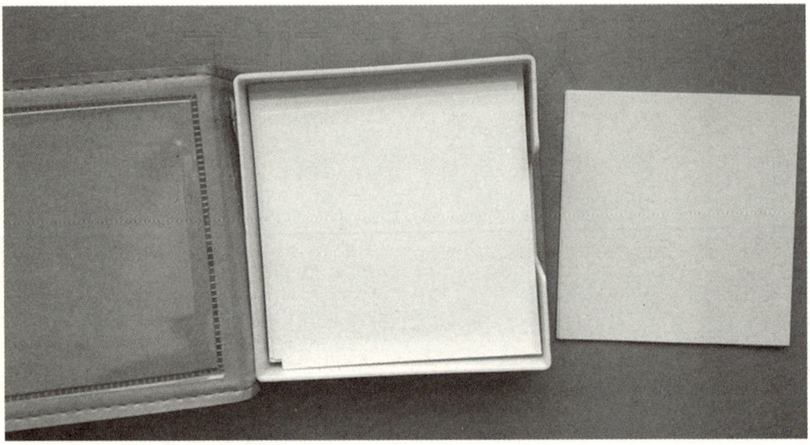

梦想手账本

以前的我梦想手账本不离身，走哪里带到哪里，俨然成为了我的跟班小秘书和小管家，如果有哪次没带着心里也会空落落的，那两年管自己比较严格，总是希望每月每周有看得见的成效，无论是工作上还是生活中，而我的梦想手账本就成了一个激励我的鸡汤池。这里边有我的梦想清单照片蓝图、所有的梦想清单、年计划、月计划、周计划、日计划。而现在的我即使几天不用它或者哪次没带着也不会觉得慌张，更多的是一种从容。不过没有自律哪来的自由呢？当初狠心对自己换来了今日的一些好习惯，我们都要感恩当时逼自己一把的自己。

梦想清单手账本

用惯了照片打印出来的梦想蓝图，偶尔看到一些用心的手账达人在笔记上做的笔记，既有文字又有图画，心里也会痒痒，于是最近我也做了一个这样的手账本。光是上网挑本子这一环节就很用心，不能太大不然拿着会比较沉，也不能太小，不然没地方画画。买回来后就迫不及待地拿过来翻看，于是我也拥有了自己的梦想清单手账本。

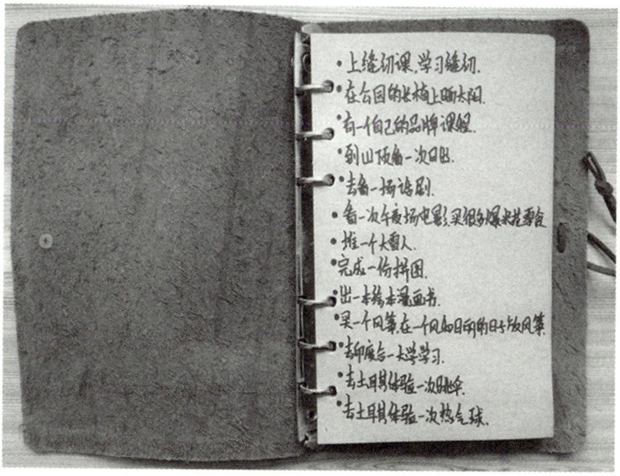

彩虹卡

彩虹卡一共有245张鼓舞人心的卡片，是积极心理学的一种很好的应用工具。上边全部都是智慧和肯定的话语。这些卡片由7种不同颜色的卡片所组成，每种颜色卡片有35个不同的想法。彩虹卡总共提供了245则像彩虹般充满智慧的话语。当你抽卡时最好闭上眼睛，并以左手来抽卡。你所抽到的每张卡片都反映出你当下最关心的问题，你的心情，以及你内在的需要。其内容全是肯定积极的话，激励人心。彩虹卡是一种能量卡，可自用亦可让别人抽卡，送出一份纯心灵的“爱的礼物”。每天抽一张卡，然后整天都照这讯息运作。让它陪伴你，并且在心中一再地重述这句子，直到将它背熟为止。这样一来，旧有的否定信念就会转化为积极的信念，甚至被克服了。无论何时，当你需要心灵支援时，就抽一张卡。也可以注视颜色，然后凭直觉抽出一张在这特殊的时刻最喜欢的色卡。

一开始我看到朋友圈里一位朋友每天都往群里发一些智慧的话，每次颜色背景都还挺鲜艳的，我以为他在某个软件上制作的鸡汤图，问了他才知道原来这种东西叫作彩虹卡。于是我也买来

尝试，每天抽一张然后一整天都在心里默念这句话。彩虹卡上的话语都是充满了灵性和智慧的词语，所以当天的心情也会很好。这句咒语像是驱走了阴霾，将关注点放在正向的话语中。或许也是吸引力法则在发挥作用，将关注点放在积极的事情上就会吸引积极的事物。

便利贴

便利贴是我经常会用到的文具，每次去逛文具店或是超市都会去看看，我会买五颜六色的和不同样式的便利贴。如果脑中随时蹦出一些灵感或是要做的备忘事情，我都会顺手写在便利贴上然后贴在墙上。或者思绪比较乱的时候将脑中的一些想法写在便利贴粘在墙上，头脑风暴后，答案会在摆弄中渐渐清晰。包里会常备一个便利贴，已经形成了习惯。家里的工作区也会将一些今年重点要做的事情或者一些备忘的事情写在便利贴上贴在墙上，也会定期处理这些便利贴，如果贴太多也会眼花缭乱。现在，便利贴在我的生活中已经成为不可缺少的伙伴。

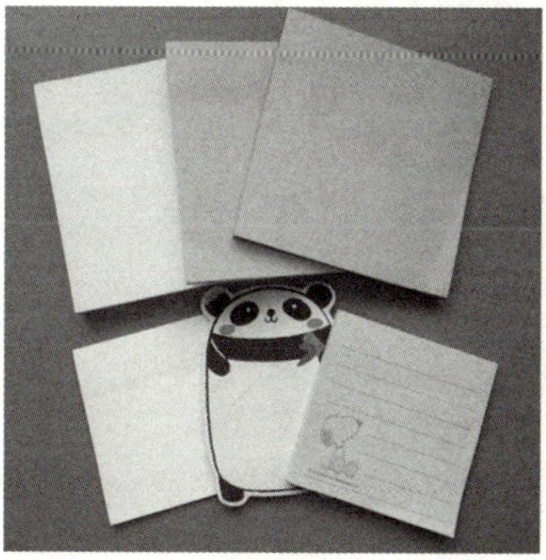

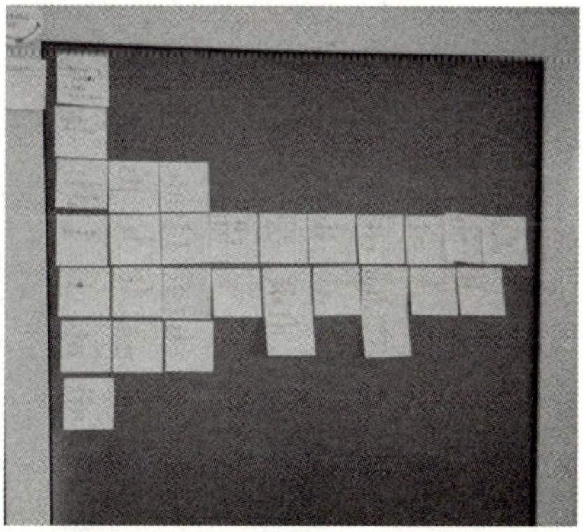

透明清单箱子

目前我有三个透明盒子，分别是收集箱、完成清单收集箱、项目素材收集箱。收集箱的作用是存放脑袋中一些随时蹦出的灵感碎片或是待办的小事，如果是在外边就可以放在风琴夹里，在家就会把灵感纸片都统一放进收集箱中。而一些执行完的灵感就会归类到完成清单收集箱中进行存储。而项目收集箱则是收集一些最近正在进行项目的灵感想法碎片，比如说最近我想要将自己的过往经验梳理出来形成自己的品牌课程，每当有新的想法出现就会马上写下来放进透明箱子里，如果过段时间这个小箱子已经装满了纸条，这个课程就差不多形成了。等到课程开发完将透明箱上便利贴拿掉再写上新项目的名称，将灵感条放进完成清单收集箱，就算告一段落了。

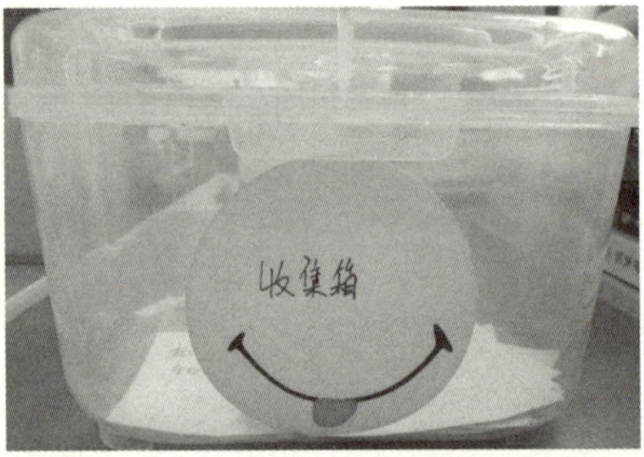

收集箱的作用是存放脑袋中一些蹦出的灵感碎片或是将待办的小事随时记录下来，存放一些灵感和清单。

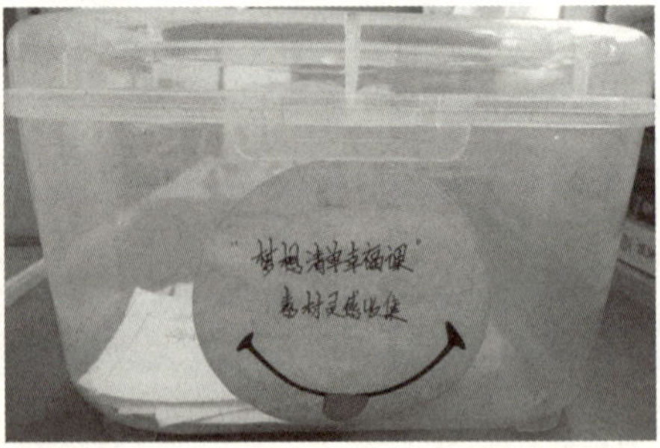

项目收集箱：收集一些最近正在进行项目的灵感想法碎片。

完成清单收集箱：所有完成的清单碎片。

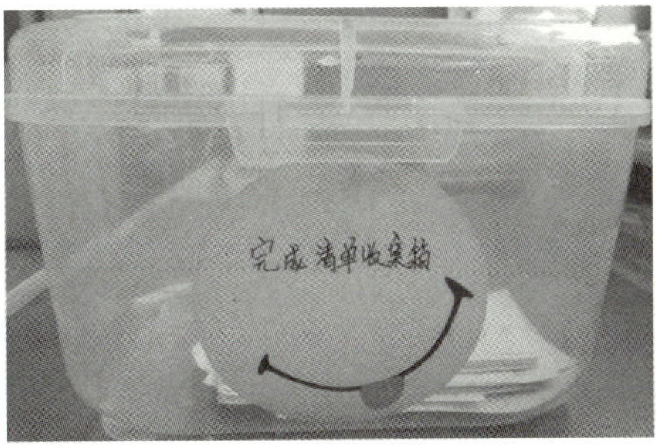

番茄工作法

番茄工作法是简单易行的时间管理方法，是由弗朗西斯科·西里洛于 1992 年创立的一种相对于 GTD 更微观的时间管理方法。使用番茄工作法，选择一个待完成的任务，将番茄时间设为 25 分钟专注工作，中途不允许做任何与该任务无关的事，直到番茄时钟响起，然后在纸上画一个 X 短暂休息一下（5 分钟就行），每 4 个番茄时段休息一会儿。

我有两个番茄工作法的工具，一个是电子计时器，一个是沙漏，电子计时器可以自由设置时间，到点后会发出嘀嘀的响声，声音不大。而当时选择去采购时间沙漏是因为在办公室有声音会吵到同事，沙漏倒过来开始漏完代表着 25 分钟已经过去，这样没有声音也不会打扰到任何人。时间沙漏用起来还是可以起到督促作用的，因为一个人持续工作会容易有倦怠感，可能你自己没发现，但是大脑或许已经想要休息已经不能集中精力，适当的休息 5 分钟再开始工作会好很多。而在沙漏开始计时后也会有紧张感，提醒自己不能慢悠悠的。关于番茄工作法的更多内容大家可以自己去私下了解一下，相信关注时间管理的朋友可能并不陌生。

服装搭配手账及其他手账

女孩没有不爱美的，我也不例外。在女孩子护肤搭配上如果从年纪上算我应该属于小学一年级。紧张压力的工作和处在梦想现实夹缝中的我，有时候能吃上饭就不错了，甚至忙起来已经忘记自己还是个女的，相信北漂的妹子们有很多和我有同样的共鸣。但是在这个颜值即是正义的时代，不管外界还是自己的内心深处也都是希望能变得漂亮些，不管生活如何待我依然不能放弃变美啊！所以就像刚上学的同学一样拿个小本本开始认真记！我的服装搭配和护肤是分开的两个本子。将一些杂志上不错的搭配图剪下来贴在本子上，或是写上简单的服装搭配心得、一些听来或是看来的护肤心得，这样属于自己的经验本就出炉了。相信慢慢培养慢慢修炼审美总会越来越好，也会遇见更美的自己！

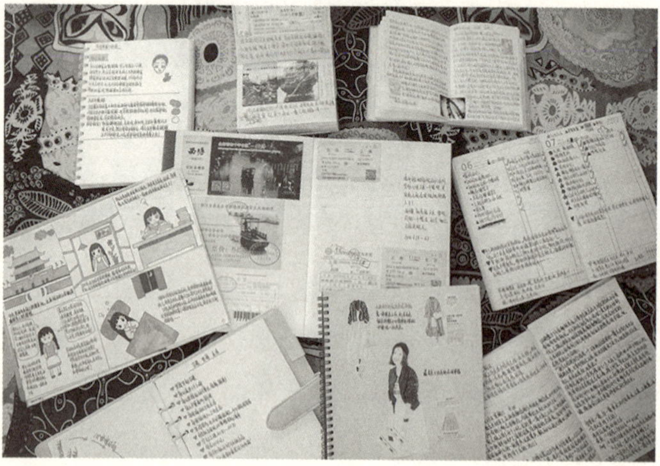

除了服装搭配手账本，还有其他的手账本，例如护肤手账本、美食手账本、北漂记录手账本等。

手持式打孔器

我的很多本子都是可拆的灵活本，这样自己随意组合的本子更能满足我的需求。现在很多本子都会卖打好孔的纸张，我家里就储备很多。而一些常用的外加的纸张我则会用手持式打孔机打出合适本子的孔然后装进本子里。

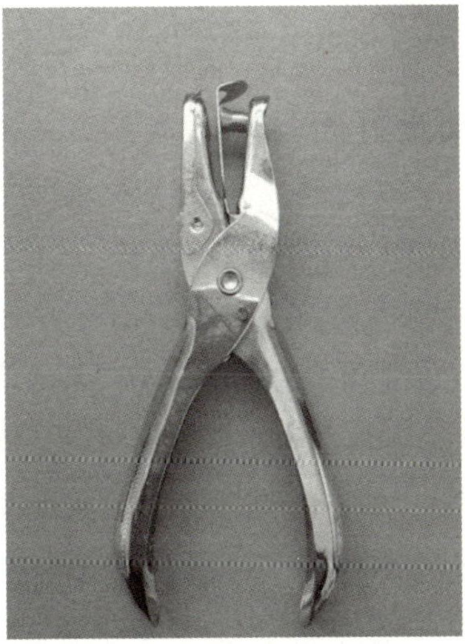

读书　二十几岁最好的投资

有一天走到书架前，眼睛掠过一本书，不假思索地抽出来打开看。那是粘了好几张便利贴条的一页，时间有 2011 年 4 月 21 日、2013 年 8 月 5 日、2014 年 5 月 1 日、2017 年 3 月 6 日。这些感悟仿佛像是不同年龄不同时空的我之间的对话。同一本书在不同时期的我的感悟竟也全然不同，透着便利贴上的文字依稀还记得当时的我是什么心境、身在什么环境。这本书名字是《20 岁女人自我塑形手册》，是一本畅销韩国的女性人生规划书，是大学闺蜜送我的生日礼物。二十出头的时候我对这种书特别感兴趣，例如二十几岁应该做这个，二十几岁必须要做的那个等，生怕蹉跎了青春错过了什么。

2017 年我 29 岁，回首二十几岁这几年，我觉得做的最对的一件事情就是坚持读书。

迷茫时有书的陪伴

孤独时有书的陪伴

难过时有书的陪伴

无助时有书的陪伴

一个人的时光有书在陪伴

失业时、生病时、开心时、坐车时、等车时、等人时、每个寂静的清晨……

因为有书，我吸收了很多人的智慧，看了很多人的人生，从很多人思考的角度找到了很多我一直在寻觅的答案，也得到了很多人生启发。读万卷书行万里路都是很好认识世界认识自己的方法，而对于一个漂在拥挤的北京一个各方面都弱小的我，哪怕去旅行一次都要为之努力一年的我，读书是再合适不过的了，只要早上起得早点就可以和各个时代的作者进行思想的对话和交流。

前段时间央视的《诗词大会》以及《朗读者》很火，除了那些作为选手诗词丰富的普通人，还有就是我们都熟悉的董卿，人们对她仿佛有了新的认识。她张口就吟上一首叶赛宁的诗《我记得》："当时的我是何等的温柔，我把花瓣撒在你的发间，当你离开，我的心不会变凉，想起你，就如同读到最心爱的文字，那般欢畅。"她游刃有余地和专家讨论李贺的诗词："天若有情天亦老"。她引经据典、口吐莲花，由内而外的大方和优雅深深打动了很多人。这就是人们常说的"腹有诗书气自华"吧！董卿曾说："假如我几天不读书，我会感觉像一个人几天不洗澡那样难受"。即便工作再忙，董卿每天都会保证一个小时的阅读时间。她说："读书让人学会思考，让人能够沉静下来，享受一种灵魂深处的愉悦。"早在中学时，董卿就开始三五天读一本名著。每年寒暑假，母亲都会给董卿开列书单，基本都是《红楼梦》《基督山伯爵》《简爱》《茶花女》等中外名著。她非常感谢父母从小就培养自己阅读的习惯。有时董卿读书实在太快，心存疑虑的母亲还会抽查一下，找出名著中的某一章节，让董卿罗列其中的人物关系，以强记为特长的董卿总能对答如流。她曾说："我始终相信我读过的所有书都不会白读，它总会在未来日子的某一个场合帮助我表现得更出色，读书是可以给人以力量的，它更能给人快乐。”如果让她只带三样东西在荒岛上生存，一是书；二是一粒种子，“在上面生根发芽，让我看到希望存在”；三是男人，“带一个爱人过去，生活中不能没有这些”。把书放在第一位，可见，知识在这个知性女人骨子里的分量。董卿达到了今天这个高度和她坚持读书是有很大关系的。据说刚上大学那会儿，董卿因为形体表演课跟不上，一直被自卑困扰着，生活里一度找不到特别鲜亮的颜色。在那段岁月里书籍给了她力量。尤其是莫泊桑的一段话：“生活永远不可能像我们想象的那样好，但也不会像我们想象的那样糟糕，无论是好的时候，还是糟糕的时候，都一定要坚强。人面对坚强和脆弱的能力远远超乎自己的想象。”

在这个功利、信息欲望爆炸的社会，她虽然身处聚光灯下却仍坚持着读书的习惯，保持着内心的平静，优雅漂亮不仅仅是一副外表，拥有深度和质感的灵魂才是最让人心生敬佩和欣赏的。

褴褛的思想比没穿名牌衣服更羞愧，即使是某宝买来的衣服，若是靠自己辛苦汗水赚来的，也要骄傲地抬头挺胸，你拥有独立的人格自食其力的能力，即使是在很多人看来没有品质的生活也不要觉得自卑，因为在鄙视链里永远都有比你更注重生活品质的人。而我们内在灵魂的品质却不是因为有了财富或是名牌就唾手可得的，那是经过岁月的沉淀和萃取，从骨子里溢出来的智慧。

某天我在邮箱里收到了一位不曾谋面朋友的一篇长邮件，她是一个刚毕业两年多的小孩：“我已经毕业两年多了，但是依然迷茫！我特别害怕这种迷茫的感觉，特别害怕，不知道自己的路在哪里。”整篇文章都散发着迷茫、彷徨、纠结的气息，这样的感受我懂，因为我也是从那个年纪走过来的，我认真地看完了那篇邮件也很想帮助她，她写了那么长的邮件文字也是对我的信任和欣赏，但是怎么都觉得要说的话很多很多，要传输的能量也很多很多，可是无论要多说多少这条路终究要她自己走过来。我回复给她了纠结该怎么治：“看书看书看书！”

一本书是一个人五年甚至一辈子的智慧，读的书越多，收获就多，这句正确的废话谁用谁知道，并且当你开始自己的写作之路会更加珍惜每一位作者创作出来的心血，那是多么的不容易啊！即使在都很忙的当今社会，很多人都忙着赚钱升职，能沉淀下来将自己的人生智慧分享形成文字已经很厉害了，在出版业不景气的今天，毕竟是少数作家能爆红人生开挂，大多数作家都还一边辛苦地做着第二份职业，即使出书也不能财务自由，很多人都是因为对写作的热爱对阅读的热爱而坚守着。我们只需要用很少的钱就能领略一个作家几年甚至几十年的人生智慧，书中某些章节或许有你一直在寻找的问题答案。

《平凡的世界》是路遥呕心沥血和自己的生命赛跑的过程中写成的。在这部作品开笔前，路遥曾到黄帝陵庙里，双膝跪倒，上了一炷香说：老天爷怜悯我，让我把长篇写完，再倒下！1982 年，路遥开始创作《平凡的世界》的准备工作。他给自己列了 100 多部的书单。那时没有网络，为了收集资料，他翻阅了 10 年间的《人民日报》等报刊。他深入生活，把自己作为书中的角色。1983 年，他到陕北延河边的工地上打短工。后来，他为了写好孙少平的“矿工生活”，又先后去陕西省的铜川鸭口煤矿、陈家山煤矿体验生活，和矿工同吃同住。一遍一遍地下井，而且要下到很深、很潮湿的地方，有时他会堵住几个刚刚升井的矿工，为他们递上烟，点燃火，一起坐下闲聊，他必须熟悉煤矿井下井上的情况和矿工生活的习惯，以及矿工经常用的一些语言。他写的人物，百分之九十都是有原型的。正是因为这样不平凡的积淀，这样像老黄牛一样的精耕细作，才造就了这部不平凡的心灵巨著。

每一本书创作的经过都不容易，都有作者想要表达的人生智慧，只要你善于发现总能找到和发现一些宝藏。

读书会对一个人有着潜移默化的影响，读书和不读书的人，日积月累之后会有很大的不同。就像锻炼和不锻炼的人，一天两天看可能没有什么差异，但是隔一年看，身体和精神状态就有了巨大的差异。

“你现在的气质里，藏着你走过的路，读过的书，爱过的人。”

“我们不只是用相机拍照，我们带到摄影中的是所有我们读过的书，看过的电影，听过的音乐，爱过的人。”

漂亮的女孩自然人人爱，可是有许多普通的女孩天生没有继承一个好外表，又不想整容，而读书就是一个很好的整容方法。一个再漂亮的女孩若开口脏话或一眼望到底的内涵，时间长了也容易视觉疲劳；但若是一个外表虽普通，灵魂发着光，总能看到别人不曾发现的角度，有自己的独立人格和取之不尽用之不竭的内涵，我相信这样的女孩任谁都想与之靠近。你和她在一起，只需要听她说说话，不经意间都能得到一些能量，哪怕就翻她的朋友圈微博都能被她所吸引，这就是吸引人的魅力，不是香奈儿、爱马仕所能赋予的。

全世界每年阅读书籍数量排名第一的是犹太人，平均每人一年读书 64 本。而我们中国 13 亿人口，除去教科书，平均每人一年读书 1 本都不到。一个爱读书的民族，自然是优秀的。自诺贝尔奖设立以来，据统计犹太人共拿走了 20%的化学奖、25%的物理学奖、27%的生理与医学奖、41%的经济学奖、12%的文学奖，同时还拿到了 1/3 以上的普利策奖、1/3 以上的奥斯卡奖。而犹太人只占世界人口的 0. 3%。为什么会有这样的悬殊差距？我相信这和读书是有很大关系的，知识改变一切。

许多人会说每天都很忙，哪有时间去看书？自己也想看书可是忙着忙着就忘记了。当你想读书的时候，哪有没时间这回事呢？

对一件事情有没有时间取决于你重视的程度，卓越的人从来都不找借口只找方法。如果你不想做一遇到问题就抱怨没辙的人那就赶快创造一切可能去打破自己的没时间。

有一次我和前任公司一位女老板去出差，我们要在动车上坐大概一上午的时间。上车不久只见她拿出一本书和一支笔开始准备进入阅读，而望着看风景的我给过一个建议：包里要常备一本书，空闲时间拿出来看看，要珍惜时间。那时的我 24 岁，还没有形成读书的习惯，眼睛里时刻散发着对未来的迷茫，患得患失又偶尔鸡血冲天。直到 25 岁我读了十本书，打破了之前那么多年的记录，从此便一发不可收拾，对书籍的热爱超越了化妆品和衣服，我知道自己只有先建立内在的自信，外在的叠加才是锦上添花，如果追求的主次忽略了顺序，只会越来越患得患失。

读书是打破自身局限性，完善修复曾失去的人格，强大内心，扩展眼界的一剂良药。

读书也是为了有一天遇见你喜欢的人，而他又是一个有内容的人，你不至于除了可爱萌消耗完一穷二白，你有和他思想碰撞出的共鸣，也有柴米油盐的生活情趣，我相信只有同等品质的灵魂才有激情退去后为另一半坚守的天长地久。读书为了遇见更好自己的时候也配得上更好的他。

“当我还是个孩子时，我吃过很多食物，现在已经记不起来吃过什么了。但可以肯定的是，它们中的一部分已经长成我的骨头和肉。你读过的书其实早已融进你的骨血，只要一个触动点，就会喷薄而出。”

二十几岁是最美好最灿烂的年纪，与其把时间花在迷茫上、彷徨上，不如花在读书上。在此养成读书的生活习惯，为一生储藏智慧，哪怕我们有一天仍然归于平凡，就像曾有人说过的：

“我们的坚持是为了，就算最终跌入烦琐，洗尽铅华，同样的工作，却有不一样的心境；同样的家庭，却有不一样的情调；同样的后代，却有不一样的素养。”

读书是二十几岁最好的投资，也是女孩最好的嫁妆。

旭答关于梦想管理的10个问题

1. 如何应对突发事件呢？

旭答：

突发事件不是什么大不了的事情，首先心态上不能慌，要把这个看成是平常事件，而你完全有能力去救火。在我猎头的职业生涯中，由于头两年对业务不熟练，总是会遇见一些需要紧急救火的事情，而随着时间的推移，我发现一切突发事件都是过去工作中不仔细的伏笔。高效人士会拿大部分的时间去解决必要而不紧急的事情，如果在平时的工作中能多做一些风险控制的事情也就会少一些救火的事情。

如果一天中有几件事情都需要同时去处理，那么把它们罗列出来，看看哪些事情是必须第一时间去处理？哪些可以交给别人代办？如果涉及公司整体的利益可以去请示自己的领导支援，让他把任务暂时分配给其他的员工，不要因为你个人的原因而耽误了整体的进程。

2. 如何培养一个好习惯呢？

旭答：

如何培养一个好习惯的方法有许多，但是我比较看重的是培养好习惯后边的动机，你为了什么培养这个习惯将直接影响你养成好习惯的时间长短。

21天习惯养成，各种软件打卡，在几个人小圈子里互相监督等，方法有很多，主要看你的意念是否强烈。

3. 如何让一天高效起来呢？

旭答：

让自己高效起来会涉及很多方面，如执行力、思考力、自我管理能力等。我自己的时间管理方法虽然对我来说很管用，但是我身边一些想让自己高效一点的朋友在看了我的方法后又觉得太累了，呵呵。这个就是个问题。你既想高效做一些事情又怕累，现状恐怕永远都得不到解决了。你是真的想高效起来，还是想不劳而获说说而已呢？恐怕只有你自己最清楚了！如果你想成为一个脚踩风火轮的人，时间管理的课程和书籍到处都是，在实践的路上你总会找到适合自己的方法。

4. 我不知道一天是怎样度过的，总是感觉很忙，很多事情力不从心，怎么办？

旭答：

许多人都是如此的浑浑噩噩，过了一天又一天，其实一天下来也没干什么事，但是却总是没什么时间。如果你能在早晨的时候就知道这一天的重点是什么，那么一天下来不过是执行清单而已，所以每天早上做个小计划看似麻烦却是一天的导航。

很多事情当你知道完成它自己需要用多少时间和精力，就不会有力不从心的感觉了，因为所有事情在你这里不过是完成的先后、排序和分解罢了，这个就是我们常说的掌控感吧。

5. 用软件还是本子做日程计划呢？哪个更好用呢？

旭答：

喜欢用本子就用本子，喜欢用软件就用软件，你觉得什么好用就用什么。本子可视性强，软件系统强大，不过你点开手机会容易去刷朋友圈，需要自己控制一下。

6. 读书总是静不下心，但是潜意识还是挺想看书的，坚持不下来怎么办？

旭答：曾经的我也是这样的，总是控制不住心魔，但是知道自己潜意识是想看书的，只是无法做到内心平静。我建议可以从简单的书看起，不要着急，想看什么看点什么，比如喜欢看杂志就从杂志开始看起，或者漫画，一步一步培养自己的兴趣，即使每天只看一页或者几行字都要鼓励自己的进步。

7. 我不知道自己的梦想蓝图该如何绘制？没有思路怎么办？

旭答：没有思路就先不用去绘制，梦想蓝图是不需要动脑的，等自然呈现的那天就全部呈现在你的眼前了，而你只需要拿起笔将这一切记录下来就行。找到自己找到梦想的过程可能是一个漫长的旅途，我们要细心地观察自己感受自己，不断地抽丝剥茧、不断地自我探索、心灵修行，总有一天你会遇见一件件让你怦然心动的事物。

8. 如果计划没有完成就会非常自责，进而没有动力持续下去怎么办？

旭答：没有完成计划就会自责的原因是你总盯着没有完成的那些，却忘记了完成的部分，如果你能不那么贪心，为自己的每一个小的进步而给自己肯定，哪会没有继续下去的动力呢？

9. 你是如何平衡工作、生活、梦想的呢？

旭答：对于大多数小北漂而言，首先是生存，有句话叫作：来日方长！内心要有这么个信念，要能看见远方，不仅仅是眼前的那点地方。努力工作让生活平稳安定，但是只要有点空闲就别懒，用业余时间去滋养梦想，在身体能承受的范围，不失控的强度同时往前进行。至于生活方面，如果你能做到身忙心不忙就不会感到特别累，如果真的累了休息就是了，所有一切哪有自己身体重要，不是吗？

10. 怎样让自己处于正能量循环里呢？

旭答：简单一句话概括就是：正言正语正思维，相信不用我详细解释，聪明的你一定会懂！

第四章　旭梦成真的背后

没有鸡汤　没有玛丽苏　这是酷毙了的现实世界

你加班加点，勤奋认真，升职可能不如有背景的同事快。

你努力工作努力生活，却发现男人不是努力就可以得到的。

你调整饮食结构，保持精瘦身材，虽然近 30 岁眼角没有细纹，好不容易接近了男神，但是却被一些无情的硬伤击败，可能是出身，可能是学历，也可能是年龄。

你努力升职努力实现梦想，但是在家人面前没结婚没生娃一切都没有意义。

你奋力拼搏二十年，达到的高度可能是别人的一个起点。

看了许多部偶像剧、韩剧，高甜的爱情剧情让你春心荡漾，回到真实的世界却发现自己很多时候都被当成了配角，不管哪部韩剧，什么样的人物剧情，所有女主角都一个共同点那就是漂亮。韩剧里千年不变的老梗：铁打的富二代和流水的灰姑娘。

“如果说女人会选择有钱的男人，那男人会选择什么样的女人？”“一无所有的女人，没有自己的梦想，也没有理想，只是天真浪漫地支持他的梦想的女人。”——《东京女子图鉴》

这就是现实的世界，没有那么多玛丽苏，王子和灰姑娘，叮当猫和童话，有的是酷毙了的现实。从我们出生的那一刻开始，人生剧本的一半已经被写好。我们不服地活着，不想重复上一代或上几代的模式，修复原生家庭的成长创伤，去活出一个自己想要的全新版本的自己，变成自己喜欢的模样。许多人从湖南、新疆、吉林、山东……背景离乡，去到北京、上海、深圳，打算在人山人海的都市中实现自己的理想，有些人做到了，而有些人却迷失在无穷无尽的欲望中，忘记了初心。

来到北京的最初，我也对金光闪闪的都市生活充满了向往，做光鲜的职场白领，和衬衫职业男谈恋爱，想穿精致的衣服，住充满阳光的房子。25 岁时听朋友说过一句话：“25 岁以前身边都没有一个有车的男生朋友约会那是很失败的！”听到这句话当时并没有强大的内心去反驳，因为我就是那个被朋友说的失败者。25 岁终于想迈出一个人的舒适圈尝试多接触异性，却被批评不注重生活品质住在非正规的楼房里。当时的我也并没有足够的勇气去反驳，也觉得自己挺失败的。在男人这个战场上我手里没有像样的武器抗衡。我出身平凡、相貌中等普通、学历大专、十足吃货体重也是忽胖忽瘦、工作方面也是迷茫期，连个目标都没有。说穿了我没有多少选择权，就连年龄也是一年比一年减值。想追随

“杜拉拉”的背影去外企咸鱼翻身，却发现当今的市场外企纷纷撤出已经不再辉煌，民营企业成为了明日之星。人们也越来越看颜值，外表都看着不动心，内在更懒得花时间去了解。为什么呢？因为没时间哪！我曾经一度将进入光鲜亮丽的大企业作为自己奋斗的动力。可是这样的动力只维持了3年，我发现这个原动力不足以支持我度过一个又一个困难时期。“天鹅为了保持水面上的优雅姿态，两只脚掌在水下要一刻都不停地拨动着。”在写字楼里没日没夜地加班，没有周末，没有假期，只有没完没了的加班。脱单之前不是要脱贫吗？可是光是脱贫就用了那么久，眼看年龄的齿轮就要沦为大众眼中的剩女，到底哪种选择哪个顺序才是正确的呢？

我们总是这样，永远都活在别人的价值观、别人的评价中，却忘记自己根本就不想听他们说。

你还记得上次抬头仰望天空是什么时候吗？你还记得上一次听自己内心的声音是什么时候吗？春暖花开、云卷云舒、落日夕阳、慢慢爬上眼角细纹中蕴藏的智慧、烘焙面包房中甜甜的空气、美食带给味蕾的享受、像孩子一样充满好奇探索地看这个世界。在通往那个五光十色的成功路上还感受得到这些四季变迁、小确幸和生活的喜悦吗？我们到底是为了什么背井离乡奔向北上广？为了改头换面成为世俗崇拜的人生赢家？为了赶快结婚摆脱父母如他们说的一样即使最后没有嫁给爱情也无所谓？如果世俗的理想最后都实现了又该去哪里呢？

当今的时代给了我们很多机会，同时也给了我们很多压力。有很多无形的东西制约着我们，阶级链、鄙视链、社会舆论和价值观，不管你处在鄙视链的哪一个阶段，也会有来自比你高级阶层的鄙视。因为比较和虚荣心很多人迷失了自己。很多人被架在无穷无尽的欲望和鄙视链的洪流社会中生活着。你的人生方向盘不再属于你，而是那些价值观和无休止的他们说、父母说、朋友说……到底什么时候才能冲破这一切掌握自己人生的方向盘，复活自己鲜活的生命？

“生活教会了我们在四面漆黑、密不透风的洞穴中发现一缕阳光，还有怎样循着这一缕阳光，踏上人生的新台阶。”

有什么可着急的呢？哪有那么多必须呢？生活中没有什么事情是需要你担心的。世界是自己的和别人无关。当我放下一定要成为金光闪闪楼宇间的白领丽人以为自己会幸福的执念，一步一步探索即使今天是末日仍然不觉得很遗憾的生活，即使没有最终找到那幅幸福归宿的全景图，光是走在前往的路上就已经很开心了。很多道理要走了一圈之后才会领悟，很多南墙也都是要自己撞了才知道疼。

长大后最难受的事情之一是，发现这个世界和人生并不是当初应允我们的那个样子。童话一一被撕碎，玩具一件一件都旧了脏了坏了，世界变得好大、好严苛、好残酷。原来长大就是学习到梦想会破灭这件事。林宥嘉《长大的童话》中解开了成人世界的面纱。“谁能解开通往幸福密码，失乐园中迷航没有灯塔，载着梦的船长听到请回答。”

翻山越岭，千山万水，经历过很多事情，看破了这现实的世界，你仍然要书写自己的童话，用自己的力量保护自己纯真，暂时对世界妥协部分，待有一天羽翼丰满，强大到不想委屈自己的时候，也不活在别人的眼光中，我相信无论是到达亦或是通往自由的路上都是很幸福的吧！

黄碧云说：“我极为绝望的时候总会看自己的手。对自己说：这就是我的所有。从来没有什么运气，但我有一双会劳动会学习的手。张开是祈求，合起来是意志，听你说话的时候，自己握着自己。更何况，我还有头脑与微笑呢。”

“不管如何被欺骗还是要诚实，不管如何被怀疑还是要相信，不管如何被伤害还是要爱。”

“北京送给我们梦境和风雨，也孕育友谊和爱情。它是多么有趣，我想不出还会有哪座城市像它一样复杂而简单。它教会我们可以哭，但不要绝望。可以委屈，但不要绝望。可以离开，但不要绝望。总之，就是不要绝望。这样多元的一座城里，活着多元的人们。他们统统有自己的故事，他们都曾坠落深渊，也都没有死去，不仅没有死去，还认认真真站起来，重新发起光。”（《何必等来生》）

珍惜自己所拥有的一切，珍惜仅有一次的今天，在这个酷毙了的现实世界中，哪怕失望也不要绝望，活出自己这是一个无与伦比的奇妙旅程。愿你朝着太阳生长，做一个温暖的人，不卑不亢，清澈生活。

28岁出版人生第一本书

28 岁　终于出版了人生第一本书

那天中午正要准备去把自己好好喂饱一顿，准备下午印刷厂书送货后开始不眠不休地签名发货，刚下楼不久就接到了印刷厂的电话说已经在路上了，让我一会出来接收。没想到送货的时间会提前两个多小时，一时间让我又惊又喜。我知道一会儿所有的书到货后我会进入团团转的模式，所以就在路边的快餐店随便吃了几口饭，为的是待会有力气打包快递发货。半个小时后印刷厂的车来了，我站在路口挥手迎接，然后如兔子一样飞快地跑在货车前边指路。

三位送书小哥把 500 本书帮我从车上卸下送到我居住的房子里，由于我住四楼，所以也是蛮辛苦的。13 本一小箱，用牛皮纸包好整整齐齐。我准备用剪子剪开包装，忽然两腿发软或许来回跑的有点急也或许是太激动，蹲在地上看着这些久违的老朋友，心情一时也无法用言语表达清楚。我以为自己会矫情一会儿，但是时间不等人，我知道很多朋友都在等着这本他们期盼已久的老朋友，所以连忙拆开一箱拿出一本来看。

虽然我知道里边都写了什么，知道封面每个角落都布置了什么，知道书的字数、里边的插画，所有的所有都无比的清晰，可是还在这一刻满眼泪水手捧着这位老朋友，心里轻声地说：好久不见，这一天终于见面了，我终于实现了一个大大的梦想：出版一本自己的书！只是这一路走得比较辛苦，跌跌撞撞走了五年。

开始北漂和写作

2011 年开始北漂，也开始了写作之路。

2011 年 6 月 15 日，我一个人开始了北漂，那一年我 23 岁。和所有年轻的伙伴一样，不知道要做什么，也不知道未来的路上什么样，带着一些迷茫、一些困惑、一些担心和忐忑，懵懵懂懂就出发了。时间从不等人，就像以前总觉得在家里衣食无忧的日子会很多，可是一转眼我们都要开始踏上各自的旅程了。

2011 年 6 月 29 日，我把身体安置在了一个筒子楼的最高层，屋子小得只剩下床和一张桌子，这个夜晚我开始第一篇文字的记录，是在自己亲手做的日记本上，那个本子至今仍然保留着。时光飞逝，到这篇文章为止一共是 355 篇，587059 字符，这里不包括日记本上的文章。一直像只蜗牛一样慢慢爬着，对文字量也没太多概念。那天当我捧着自己的书才发现原来仅仅十万字就这么厚，那我岂不是写了有五本这么厚的书了吗？第一次觉得自己好厉害。

在微博上回复朋友的留言，有朋友说：“不是说好不熬夜吗？”我笑笑，有时候凌晨四点确实像在熬夜，可是这对我来说是晨间时光。现在的我已经不定闹钟来强制自己起床，每天都会让自己睡到自然醒，可是我自然醒的时间也在 4：00—6：00 之间，黑漆漆的屋子我的意识已经非常清醒完全没了睡意。想起这几年的每个清晨，那画面和场景都是类似的。

我的晨间和黑夜傻傻分不清楚，总之外面都是一片漆黑。

跪在椅子上对着电脑啪啪地敲打键盘，房间里只剩下键盘噼里啪啦的声音。

写作有时候是早晨有时候是晚上，我的早晨在很多朋友眼里也是晚上，总之都是外面漆黑一片的时候。

就这样我由刚开始坚持不下来，到断断续续到最后形成习惯，这条路走了五年，我也从 23 岁走到了 28 岁。

文字或许不华丽

或许文字不华丽，但都是我内心最真实的声音。

关注我微信公众号和博客的人可能都知道，我几乎不写热点文章，很多文字都是我最平凡最普通的生活记录，也或者是我听到一些触动我的故事。文章平淡如白开水，很多时候我也觉得自己和这个世界是脱节的，更像是一砖一瓦在浮躁的城市中建造了一处世外桃源。我受到很多朋友的关注或许也正是因为大部分人都是普通人，我的文字很接地气很容易走进他们的生活，所以才少了些距离感多了一丝真诚。

我不是文学专业科班出身，也没有看过很多书，我和大家一样行走在自己旅程的路上，一边走一边安静地记录着。

我希望把生命里所有的时间都花在自己想做和喜欢的事情上，所以即使在文字上也是如此，希望记录一些自己看到有意义有触动的故事。

我的文字虽然不够华丽但足够平凡足够质朴，它们都是我内心深处最真实的声音。

为了热爱坚持　才能一直坚持下去

金凯利有段演讲："我爸爸的梦想是当个喜剧演员而且有天分做到，但为了保险起见选择做了一个会计。结果我 12 岁的时候，爸爸被解雇了。即使是你不喜欢的选择你也有可能失败，为什么不去冒险做你想做的事情呢？"

是啊，做任何事情都免不了会失败，哪有一路都保险和万无一失的事情呢？做任何选择都会面临喜忧掺半的情况，但是哭哭笑笑不正是人生吗？如果是自己想走的路，这一路下来连沿路的风景或是那些让你伤神的小烦恼都会成为你最宝贵的记忆，甚至结果都变得没那么重要了。

因为觉得自己资质普通，所以从一开始就没给自己定个三年出书五年成系列的目标，只是告诉自己一直坚持做自己喜欢的事情就好了，像我这样平凡的普通人估计要写 100 万字才能有一点点露脸的机会吧！所以很多朋友也会看到，我文字发布的媒体平台并不多，运营自己文字这块确实做的一般，也没有去研究很多朋友圈爆文的写作规律，只是安安静静、踏踏实实地每日坚持着耕耘。

能一直坚持下去的多半是因为自己热爱。

因为热爱所以认真，因为热爱所以坚持，因为热爱所以动力一直都在。

热血出书的背后

2016 年 3 月份遇到赞赏平台，我欣喜觉得或许自己也可以众筹出一本书呢。当时我的文字已经有 30 多万了，出一本书的量也够了。于是 2016 年 3 月 25 日，当开始众筹出书的时候，我已经将文字的量提前准备充足。不是我发稿子的速度快，而是之前就努力了很多。于是，从 3 月份到 11 月份，整整九个月我的生活和出书这件事围绕在一起，背后的辛酸恐怕只有我最清楚了。

2016 年 3 月 25 日，将准备好的众筹宣传文字放在在赞赏平台。这个项目必须在 2016 年 6 月 23 日 00：00：00 之前，筹钱到 42000 元并且确定出版方才可以成功。

2016 年 3 月 25 日，将这个大胆的好消息告诉身边几个比较亲近的朋友。

2016 年 3 月 25 日 18：37：30 时，第一位赞赏人出现，是我认识三年的猎头同行朋友，他赞赏 998 元，我欣喜若狂。

2016 年 5 月 8 日 17：30 开始拿起画笔，从简笔画开始临摹，之前只是偶尔画过几次，也没有基础，总之就是画着玩画着开心。

2016 年 5 月 20 日，很多事情你不坚持都不知道自己也可以这么棒，又画了两张觉得自己有点天赋。接到出版社的画插画邀请，画自己书的插画。于是那周全力以赴、全神贯注、全身心地投入画画的事情。

2016 年 5 月 29 日 15：25 又熬了一周把书稿又改了一遍，原因是我的短文章太多，所以尽量修改得清爽一些。

2016 年 7 月 6 日，出版社在我画的插画中选择了一张作为图书封面。

2016 年 7 月 11 日，和闺蜜熬夜一起商量，以她为主我提建议设计了封面发送给出版社。

2016 年 10 月 27 日，把 1200 张明信片都签了名。

2016 年 10 月 28 日，打印了 124 封信，特意写给众筹的朋友，叠成了“爱心”装进准备好的信封里。

2016 年 10 月 31 日，把所有名单发给朋友，让他帮忙打印快递单，后期如果有改地址的再重新写。

那次我没有众筹成功，不过有一家出版社被我的文字打动，愿意帮我出书。

第一次改稿从 200 多篇文章中选出 10 万字的书稿熬了一周，起早贪黑，没日没夜地将自己认为不错的稿子挑出来再加上自己想要补的文字。为什么这么做，因为赞赏平台那段日子要拿着我的书相关的信息去一家家敲开出版社的门，问问他们有没有意愿帮我出书，甚至在众筹不成功的情况下。我认为在这样的情况下我可以做我能做的是让这件事情促成得更快一些，想想赞赏平台如果去和出版社谈合作，我的书要以什么卖点去游说出版社同意呢？其实说什么都是空话，不如直接上作品给人家看，相信出版社看过那么多作者和文章该知道什么样的书能畅销或者不亏本！抱着这样的想法，我在书开始众筹的第一周就把所有的稿子初步做了一个筛选和增添然后火速发给了赞赏平台。

把稿子从文件夹里挑出来并改动填补一些，熬了一周后把稿子全部发给了赞赏平台。然后朋友圈也是尽力宣传自己众筹事情，我觉得我已经尽到力了，128 人的众筹款，不会再有什么惊喜发生了。如果这本书没有出成我也想清楚了，我不会去自己添钱出版，总之尽力过后一切顺其自然地发展吧！虽然书稿改完了，但我心里还是隐隐约约地觉得如果后期出版社有介入，可能还会大改一次吧。后来真的被我说中了，众多出版社中有一家愿意帮我出书，哪怕众筹最后没有筹到 4.2 万元。

在和编辑接触过程中，我得知了稿子每篇里边小标题太多，需要改成每个大标题下里边不超过 9 篇文章的篇数。再有就是那阵子我将自己的绘画作品发到了朋友圈，被出版社编辑看到了，她鼓励我可以将漫画插入到自己的书中。当她说完这个提议我就立马接下了这个我自己都有些不确定的任务。但是我认为再也没有人会比我更了解自己世界曾经闪现过的画面和意境了，我愿意接受这个挑战。于是整个一周我需要面临稿子全部修改一遍和插画自己全部原创的挑战。一开始我打算没日没夜地画 20 幅左右，能选上一幅就上一幅，后来得知自己的插画只能允许插入 10 幅的数量。接下这个任务后我发现一个很严峻的问题，就是我连纸都没有。之前在网上买的一些东西都不是我想要的，于是我决定要亲自去文具店买一次。买了一些必备的画画用品后我投入了疯狂的创作中。

这中间我的生活作息和品质一反常态，熬夜、泡面、咖啡、外卖、零食，这些我都干了，为了节省时间，能省略的就省略，尽量以提高工作效率为主。于是，我在两天将近不眠的日子里完成了十幅插画，画完之后我自己也是惊呆了，原来我只知道自己有一点点天赋，没想到被逼一逼还这么有潜力，之前那个想出绘本的梦想我觉得可以立即落实了。于是接下来五天的时间里我把重心放在了改稿子上，这是一个大工程，我希望在最后的日子里把想说的话尽量都表达出来，然后将最好的一面展现出来给大家。虽然是自己写的稿子，但是我一般情况下也不怎么碰，因为我读自己的稿子也会控制不住情绪，有时候读着读着也会有些小伤心。感动自己的不一定能感动到别人，不过我还是希望如果能给别人带去一些感动那也是很不错的，希望大家可以吸收到力量和勇气，哪怕给别人带来一丁点不同我都会超级开心的！

后来终于交稿了，我用了整整一天来收拾自己的垃圾场，因为桌子小，地上铺满了纸啊、书啊等东西，旁边也堆满了我一年可能都不会吃一次的垃圾食品。虽然已经满身疲惫，但是能在 28 岁这一年实现了一个大梦想也真的好开心。最大的期望就是希望我人生第一本著作能顺利出版。我的态度是改稿千遍我也不厌倦，就是这么有激情，为自己的梦想奋斗也就是这么有干劲，我好爱燃点状态下的自己！

一本书出版的背后总是有很多不为人知的辛酸，所以现在看每一本书的时候我都是很认真在看，算是不辜负作者们背后的汗水吧！

终于，在某个晴天的下午，将500册的书全部签名好然后打包快递。快递小哥拖着两大包快递袋子走的那一刻，我终于出了一口气。

出书是一个大梦想，这背后是无数个事情事件的认真完成。没有什么是容易的、没有什么是顺风顺水的，有的不过是一个个关于努力、关于解决问题、关于耐心的故事罢了。

“如果你有梦想的话，就要去捍卫它。那些一事无成的人，想告诉你也成不了大器，如果你有理想的话，就要去努力实现！”——《当幸福来敲门》

曾几何时我也觉得出书是遥不可及的事情，哪怕文字已经积累到了30多万字。很多时候我们都会觉得自己很渺小，也对自己充满了怀疑。

以前出去做分享，一位朋友和大家介绍开玩笑说下次里旭过来分享说不定就带自己的书了。每当这时我也会觉得不好意思，因为感觉或许要努力很久之后才会发生的事情吧！甚至也会在内心深处觉得或许要努力很多也不一定会出书，但是自己对于出书这件事情也没有看得很绝对。如果这辈子不能出书我也要坚持写作，安静地记录着想记录的一切。如果真的幸运出了书，就当作是一个旅程的节点，从那以后要更认真地写了，因为会受到更多人的关注。

每个人都有他独有的闪光点，每个人都有各自的光芒。就像《我们都一样》歌词里唱的那样：

“我们都一样，有一双翅膀，能够有梦想，能够去飞翔；我们都一样，各自有光芒；我们都一样，有一种漂亮，总有人鼓掌，总有人欣赏；我们都一样，有一股坚强，能够去流浪，能够去受伤；我们都一样，相信有艳阳；我们都一样，最美的平凡。”

是的，我们都一样。在这颗美丽的星球上我们都一样，但是我们仍然可以点燃自己各自不同的光芒。

只有做自己喜欢的事情才会永远都不知疲倦。

也希望你早日找到自己喜欢的一切，做最幸福的自己。

就这样，28 岁我终于出版了人生第一本书。

我是如何度过猎头最艰难的第一年

有天晚上坐在黑漆漆的屋子里直播分享一个主题“我是如何度过猎头最艰难的第一年”，突然家里断电了，没想到后来是以这样的方式分享，刚入猎头行业的每一天每一幕开始清晰地呈现在脑海里，没想到这么快三年就过去了，我也从 25 岁变成了 28 岁……

25 岁　我不知道自己该何去何从

25 岁正是我无比迷茫的时期，我不知道自己要做什么、未来要从事什么行业，但是我知道自己必须要认真选择，因为接下来的每一个选择都会影响今后的生活，我想认真地做选择。那时候我刚从一家小公司辞掉行政的工作，生活一下子进入了兵荒马乱的窘境，我不停地出去面试不同的公司和职位，有影视文化公司的助理、行政助理、广播广告销售……

突然某一天，有一家猎头公司给我打电话，我正巧在那附近，就顺便过去面试了一下，没想到这次相遇竟影响了我日后几年的职场生活。我既兴奋又担忧自己是否要从事猎头工作，又对这个满是挑战的行业充满了兴趣。于是我投递了很多家猎头公司简历，开始不停地面试。那个时候我的生活马上要濒临露宿街头，但是仍然没有快速选择一家就职，因为我一直都给自己暗示要认真做选择。于是，每天为了节省生活费，早晨我会做好便当放在包里，到中午就找个公园或者某个高楼大厦的休息区吃自己带的便当，每当这个时候我就会感到无比的踏实。虽然不知道未来是什么样子，但是脚下的每一步如果走得认真就少了些害怕。

接触了很多家猎头公司后，其实在我的心底已经确定了要从事猎头这一行业，只是有一个疑惑阻碍了我的选择，那就是打陌生电话（行业称 CC），我们需要通过角色扮演绕前台绕过重重阻碍找到你想找到的候选人。很多猎头公司都会说他们新人第一年都是要打 CC 的，因为这个我迟迟不敢下定决心进入这个行业。后来因为生活我算是带着困惑和欣喜选择了一家刚创业的猎头公司，选择那家公司是因为，首先它可以收留我，其次我为了让生活维持下去不得不必须要上班了。

初入猎头行业的我

而后的半年我过上了想死死不了想活活不好的一段时期，记得那时候我经常会半夜惊醒，有时候两点、有时候三点，也有时候是四点。因为刚开始做猎头，新人也一样要完成公司的绩效，每周都要推荐一定数量的候选人，不仅仅是推荐量还有一定的业绩数字。所以我除了会半夜惊醒，也发现家里地下掉的头发特别多，脸色也不好看，额头的痘痘开始层出不穷地浮现，这不是最糟糕的，最糟糕的是有一天我突然浑身无力，连站起来的力量都没有了，去医院检查白细胞和血小板变得很低，去百度上一查为什么低，那答案让我的世界仿佛一夜之间要崩塌了。

年轻的时候我们虽然什么都没有但是起码有 N 多天可以去做任何事的时间，但是如果某一天连最起码的健康都没有那和世界末日差不多了。还有一件事比较悲催的是，不但生病没钱，看病也没人照顾。

命运要你成长的时候，总会安排一些让你不顺心的人或事来刺激你。

成长本来就是一次孤独的旅程，有时候生活总是会时不时地安排一些不顺心的插曲，如果挺过去了就会变成一个有故事的人。

那阵子，我饮食上照顾自己不佳，总是随便吃点，甚至有时候忙着忙着就忘记吃晚餐了，还有过度地注重身材而忽略营养健康，所以在那次感冒的时候身体发出了强烈要求关注的信号。或许这只是命运开的一个小玩笑，它只是让我注意要好好照顾自己并没有要给我太严格的教训，我连续两周去医院检查血小板，可能是意志力顽强，身体竟也渐渐恢复了健康。从那以后我虽然只有 25 岁的年纪，竟然也开始关注起养生。

决定你过什么样生活，从来都不是你哪一次的选择，而是你一直以来的状态。

状态有时候真的很重要，看一个人最近过得好不好，看他整个人的状态和精气神就知道了。由于我身体状况不是很好，所以工作上也是没有起色，总是有层出不穷的问题困扰着我：

半年来我的业绩并不好，只是出了一个 2 万的小单；

整日工作提心吊胆，害怕被开除，也害怕别人问我业绩；

我居然不敢加班，因为我害怕如果很努力后依然没有成果就会觉得自己非常失败；

我做的职位种类比较杂，没有专注的行业；

公司也没有很好的系统培训，也没有优秀顾问可以学习，也不认识几个猎头朋友，完全不知道优秀的人都是怎么工作的；

还有就是，那时候我做事还是会拖延，也不懂时间管理，我想坚持看书想坚持写作完全不能持续，总是今天拖到明天明天拖到后天。

你要不顾一切让自己变得漂亮，即使是在那些糟糕的日子里。

——乔布斯

当一个人内心深处有种迫切想改变的时候就会有一种强烈的动力，为了生存也好为了成为更好的自己也好，总之有一种燃动力会一直指引你前进着。

哪里有什么成功的故事呢？不过是一个又一个关于挫折、关于努力和关于坚强的故事罢了。

有时候真羡慕那些刚一入行就做的特别好的顾问，轻轻松松就做到了百万顾问，而我却连出单都那么费劲。虽然我们同一时间做了猎头，同时入行，但是仔细想想，之前人生的积累明显是不同的、阅历不同、毕业学校不同、人脉不同，有好多的不同，一路优秀的人工作后也多半会优秀。像我这样不敢努力的模式从高中就开始了，记得高考的时候我没有考上一所好大学，我同样是不敢复读，因为我怕如果复读了或许连大专也考不上。或许是放任自己太久了想急迫找个出口，也或许是生存的压力所迫，终于到了一个必须要努力的节点。

于是我开始了长达三年的自我管理、自我指引的鸡血之路。

特别害怕打 CC 就逼自己；

没有专注行业就换了一家公司，然后几乎天天都加班；

利用下班后和周末马不停蹄地参加行业培训和交流活动，两年的时间参加了近百个培训；

每次培训后和猎头同行交换名片，当天发短信给每个人，利用中午和周末去约见猎头，和他们交流学习；

如果是行业大咖前辈，就总是想着有什么能帮助到他们的，遵循先贡献后索取的原则；

开始一点一点学习时间管理，每天早上都早早地起来，大部分是四点，然后看书写作；

把自己的梦想目标做系统化的管理，开始用日程本、做年计划、月计划、周计划，写晨间日记、成功日记；

也开始有意识地建立自己的品牌，QQ 微信头像换成职业照片，开微信公众号，朋友圈也不乱发消息……

或许是我想要改变的心愿很强烈，状态很足，到新公司的第四个月出了两单，因为两个单子都是总监职位，所以业绩一下子就做到了 20 多万，我终于松了一口气。

虽然我把成为百万顾问也列入了 101 梦想目标，但是更多时候只要完成公司业绩我就很开心了，甚至是只要有业绩我心里也会有底。就像是我之前一年都坚持不了看两本书，后来 2014 年看了 30 本就觉得自己的人生迈了很大一步。毕竟每个人获得成就感的程度是不一样的，因为大家的起点不同。

2014 那一年工作不仅有了一点成绩，写作读书也开始慢慢坚持了下来，我自己也能感觉到，在一点一点变好。

这一路走来，没有谁是简单的，我们可以不做第一，但绝不允许自己不拼命。

勇气需要自己给自己，力量也需要自己给自己，别人根本帮不了我们，充其量算是激发一下，内在的洪荒之力还需要自己点燃，唯有这样才能持续。

我们努力过，我们拼命过，到最后如果结果依然不是很理想，起码我们不后悔。

不坚强点根本就活不下去，坚强点，生活才能看到些希望，不是吗？

这篇文章鸡汤也好，鸭血也罢，如果能给正处于压力、焦虑中的你带去一点力量我就很开心了。

前行的路上很幸运遇到你们

第一本书刚上市的时候每天晚上如果不是特别累就会把朋友圈扫一遍，我不想错过任何一个关注我的朋友发的关于第一本书的感悟。

新书刚上市的那段日子，我看到身边很多亲近的朋友都在帮我默默地宣传，也收到了很多陌生朋友的来信，让我知道了和我一样在这个星球上许许多多普通却不平凡人的故事。

出书在当今这个不景气的时代可能赚不了太多钱，这么说可能很多以写作为目标的伙伴要失落了，现实真的是这样，尤其是刚开始像我们这些没有什么名气的新生作家。但是，出书能给你打开另一扇新的窗户，我们会认识很多新的朋友。一本书也像是给自己这么长久努力汗水的一个奖励和总结，哪怕不大卖，多年以后也可以拿着它对着自己的小孩说：

“你看，你妈当年多牛，出版了一本自己写的书，所以你如果也有梦想也要学会去捍卫它……”

过去努力的汗水印记都可以成为明天挂在胸口的勋章。

有很多朋友的来信看得我泪流满面，内心也久久不能平复。我的家人、朋友、闺蜜、候选人……你们可能不知道，你们带给我的力量比我带给你们的多很多，真庆幸前行的路上能够遇到这么多可爱的灵魂。我自己认为再平常不过的日子在你们的赞美中显得那么闪闪发光。

肖潇来信：

2017年跨年有幸获得一份珍贵的礼物——一本书《四点钟起床的猎头》。我拿到手的那一瞬间，看到笔画的卡通图画封面，就认定这不是一本普通的图书，心里对这本书的内容也有非一般的期待。自然而然，这本书成了我2017年的第一本纸质读物。

至今，这本书我陆陆续续读了将近半月，其中的很多内容让我想起了自己5年前刚来北京时的那段岁月。同时，以这篇读后感纪念自己的北漂生涯。

读过这本书的人就会明白，作者北漂的动机是源于对生活的不甘、对理想的追求。仅此一点，就会让很多人充满敬意。想当初我选择北漂的时候，也是出于对远方的期待，总觉得未知的远方有我想要的美好。于是我毅然决然来了北京。

2011年10月中旬，我提着一个旅行箱来到了北京，同样遇到租房的问题。我最初住在地下室负二层，空气潮湿发霉，整天暗无天日。快住满一个月了，我决定换地方住，临走时被黑房东扣了部分押金。我搬进了一个隔断，在一个小区的二层。签合同时被黑中介以各种名义收取费用：房租、网络费、卫生费、服务费、电视费……然后是广泛撒网式各种投简历找工作，结果投出去的简历几乎都石沉大海。当时有两个想法：1. 进外企；2. 进互联网公司。转眼过了春节，企业招聘开始活跃起来。2012年2月初，我意外收到一个陌生电话，接通才知道是一家外企打过来的，2个月以前给这家公司投过简历。电话中聊了一会就通知我第二天去面试。面试很顺利，然后就入职了，做质量索赔，税前月薪4.5K。入职后，顿时整个人的焦虑感减轻了很多。第一个月拿到工资后，我又换了一个地方住，在通州租了满意的房子，月租750元，在一个新小区的18层。我从此有了完全属于自己的独立空间，有了书桌、衣柜、大床、冰箱、洗衣机等。

这家外企工作福利还不错，上下班有班车，工作相对清闲，但不是我内心真正喜欢的工作，刚入职就有离职的想法。想到工作来之不易，决定一年后就离职。在业余时间里，我开始学习，去北大、清华、北航等大学听过一些讲座，参加过一些企业的论坛，看看自己喜欢的图书。2012 年 12 月份，因金融危机，公司第二次裁员，我得到 n+2 的补偿金，离开这家外企。通知裁员离职的那一刻，内心有一种被解放的感觉，而自己也进入了新的迷茫期。

回顾自己最初北漂的日子，里旭老师的经历更加丰富多彩。里旭老师做过编辑、当过群众演员、做过行政、最后选择在猎头，业余还参加各种培训、坚持学习英语和写作，这种拼搏进取的精神很难得，触动着北漂一族的内心。更加令我敬佩的是，里旭老师在不停地探索中找到了自己，找到了成长进步的钥匙（如耐心、坚持等），形成了一套自己的理论，并通过亲身践行让自己不断进步成长，为身边的每一个人树立了积极进取的好榜样。

《四点钟起床的猎头》这本书让我再次想起自己刚开始北漂的宝贵经历，有机会阅读这本书是一件让我愉悦的事情。相信每一个有志追求理想的人，阅读这本书都会有所启发，人生中少走一些弯路，前进的路上少一些孤独。

作为一个读者，我在此谢谢里旭老师！

里旭：

同样的时间在同一片天空下我们彼此发生着各自不同的故事。

以前也会觉得自己蛮孤独的，但是有时候想想这座城市中每一个人又何尝不是呢？

最开始出发很多人都不知道自己该去哪，也不知道未来会发生什么？很多人最开始或许是为了生存选择了自己并不喜欢的工作，然后慢慢调整、小步快跑，走着走着发现了自己更想实现的生活。有时候看似没有选择的生活其实都是我们自己选择的结果。

或许大部分人都不是一下子就变好，一下子都找到了自己的天赋，一下子就看到了自己的未来。我们大多都是普通人，要允许自己走弯路，给自己寻找蜕变的时间。

看到同样这么折腾的肖潇，和他这一路以来的折腾劲，我相信只要脚步不停一定会越来越好！

谁的青春不迷茫呢？其实我们都一样！

王贝贝：

时间不会小视任何一个想要改变的人。

2015 年毕业来到北京，带着我对象，我们一起，没有任何人可以投靠，第一天晚上我拉着她走了 3km，找了一个 70 元一晚上的旅舍，就这样开始了我们的北漂生活。不知道要做什么工作，不知道会在哪里住下，很迷茫。自己的存量，满足不了公司对增量的要求，挺受打击。里旭老师说的对，那一切经历，在现在回想起来，真好。

这本书中里旭老师的时间管理、计划，我很震撼，事情可以做得这么细，特别是在小事情的坚持上面，坚持自己觉着美好的事情，不需要现在对我们有什么作用，因为时间不会小视任何一个想要改变的人。我做了一个自己 2017 年的计划，自己的生活 、工作、读书、交友。我也会去坚持，坚持去改变以前的自己，思想上的垃圾就让它停留在萌芽。用自己的执行力去对未来的自己负责。

现在回想，自己这不到两年的北漂生活，真的成长得很快，引用一下北京对北漂们最吸引的那句话：北京是一个有梦想的城市，你要敢有梦想，认准自己的方向，在这个路上，坚持住，这个世界都会向你伸出援助之手。

里旭：

有朋友说我的书像胶片一样神奇地将他带回到从前。一路上的文字记录成书出版也让更多的人回忆飘向了最初开始的那天。

北京，是一座既然来了就不要轻易休息的城市。它既是一座城也是很多年轻人安放青春的地方。

五月天的《倔强》里有一句歌词我一直都很喜欢：“你说被火烧过才能出现凤凰；逆风的方向更适合飞翔；我不怕千万人阻挡只怕自己投降；就算失望也不能绝望。”是啊，就算失望也不能绝望；哪怕是暂时看不到光也不要绝望，哪怕是离开也不要绝望，不管遇到什么事情也不要绝望！

这是一座快速往前走的城市，有时候忽然回头才发现自己已经走了那么远，已经成长了那么那么多！这是一座相对来说还算公平的城市，没有背景没有钱只要有目标和梦想，依然可以撑起一片属于自己的天空。很开心贝贝在2017年做出了思想上的突破，这么坚定的语气和态度，让我相信未来他的世界一定会遇见更多的美好。

时间不会小视任何一个想要改变的人。

那我们就一起携手同行，遇见不一样的自己！

张哲煊：

里旭老师的这本《四点钟起床的猎头》是我分三次读完的，也许是同是北漂，工作性质（保险理财规划师）相似的原因，非常有共鸣，读起来很畅快。2017年的读书目标是24本，平均每个月2本，1本是工作内容之外的，一本是与金融理财相关的。非常开心读到里旭老师这本《四点钟起床的猎头》，完成了17年读书计划的第一步。

“我们高估了十年后能做的事，却低估了一年能做的事。”这句话是里旭老师引用电影《再见了，不联络》中的一句经典台词，也深深触动了我。“得到”APP李笑来老师在专栏“通往财富自由之路”里讲到的一个理财心理，人们往往过于看重短期的投资收益，而忽视长期的投资收益。把二者总结到一起就是：对于行动往往仰望星空，对于收入常常脚踏实地。而事实是，有结果的行动取决于脚踏实地，有提高的收入决定于仰望星空。

在个人成长上我们从小就说，“我要当科学家”“我要当老师”“我要当律师”，这其实就是“高估了十年能做的事”，随着小学、中学、大学教育的完成，我们小时候的职业梦想一点点消逝。但是当每年每天学习、写作业、考试时，可能没有全身心投入，于是“低估了一年能做的事”。

生活中我们常犯的一些错误也是“常立志”：我要减肥，我要学英语，我要健身，我要游遍世界，我要提高收入……我们试图用一年、一月甚至一周的时间来快速提高自己的能力、技能和收入，这其实就是“看重短期的投资收益”。而我们要做的是“立长志”，良好健康的体态，流利地道的英语，周游世界，收入的大幅度提高，应当是以3年、5年、10年乃至终身为刻度去完成的，这其实就是“长期的投资收益”。

对于里旭老师而言，她专注于北漂的每一年、每一月、每一天，于是她坚持在每天四点钟起床，听音乐、敷面膜、做早饭、列今日计划、读书、写字、学英语、最后开始工作。相比于普通人，她多出来每天4个小时的时间，每周24小时相当于比别人多活1天。正因如此，里旭老师可以一步步完成她的101个梦想目标，完成她的手账本，并在资深猎头道路上越走越好。

对于我而言，作为中国太平理财规划师，从事保险营销行业，工作性质同里旭老师所在的猎头行业有相似之处。需要大量的人脉资源，持续不断地学习，参与各种社交活动，当读到里旭老师隐藏身份参加社交活动时，我也会心一笑。业务拓展、人才招募、团队管理是我工作的三个组成部分，从2016年10月到2017年1月自己没有休过一个单休。在对外经贸修金融在职硕，在母校西安外国语大学北京校友会中做负责活动的副秘书长，参加北京户外俱乐部活动并担当领队，参加红酒会学习，参加樊登读书会的各项活动，我最爱在朋友圈中发的一句话是："瑄子在路上，与君同行。"当自己读到里旭老师的书时，那种共鸣声从心底发出。同时也让我感到震撼的是，这样一位娇小美丽的女孩子身体里所蕴含的巨大力量。

感谢自己在2017年第一个月读到这本书，与坚持梦想者同行，谢谢。

里旭：

看得出来，瑄子一定也是一位上进的、爱折腾的小青年。这封信把话说得我都不知道该说什么啦！哈哈！可能这是很多朋友心中的共鸣，而我只是抽空把这些散落的心情，用并不怎么华丽的辞藻记录了下来。然后又像一张黑胶唱片，从头开始放，让大家的思绪从最初回忆到现在。

最好的人生，从来都不是一帆风顺的人生，而是带着伤口带着微笑依然大步往前走的人生。正是这一路点点滴滴的小感受、小失落、小开心，才让生活逐渐变得温暖。我们都变成了有故事的人。

同样的天空下每天都有不同的故事发生，不管以前现在或是未来，同行的路上总是会有很多同伴。

我们都在路上，拥抱自己的梦想，何必等来生！

有许许多多未曾谋面的朋友他们发来或长或短的信息，让我很感动。

没有想到同在一片天空之下，呼吸着同样的空气的我们会在各自的轨迹上发生着不同的故事。

感恩前行的路上遇见你们。

也还有你们，让我平淡孤独的生活多了很多不同！

如果你愿意，我们就一起去遇见一个不一样的、更美好的自己！

28 岁　我拿起了画笔

做你喜欢的事，上帝会高兴地帮你打开成功之门，哪怕你现在已经80岁了。

——摩西奶奶

2011年开始北漂的第一年，我在本子上写下了“开始画画”这个愿望，当时并没有想太多，在写梦想清单的时候我通常不会考虑太多，只要是自己想做的就会写出来，至于怎么实现是另外一件事情。有几年的时间里一直断断续续地坚持着，除非很闲的时候会拿出画几笔，可是很闲的时候又很少，所以画过的张数也就同样少得可怜。

我了解自己是有点画画的天赋，但不知道自己究竟能画得有多好，所以自始至终并没有给自己太大的压力，只是想着先从最简单的简笔画开始慢慢来。想象着假以时日这么坚持下去一定可以画得越来越好的。坚持对我来说并不难，所以每画一点就觉得自己在进步，画画给我增添了很多乐趣。有阵子我开始尝试画动物简笔画，有天把两张画好的简笔画发到我的朋友圈，很多朋友都说我画得很不错，说我很有天赋。我好像是受到表扬的孩子，很开心地挥舞着画笔说："我会努力的！我才刚刚开始啦！"

我一直都很欣赏高木直子，也很受她绘本的影响，也想创作自己的故事，很多画面我可能用文字表达只是一个维度，但是绘画就不同了，它可以充满想象，把当时的感受更立体更丰富地表达出来。但是我知道自己的绘画功底，觉得自己怎么也得坚持个几年吧，才能将自己的经历都画出来。

有几天早上，起来的第一件事情竟然忍不住想要画画，像是中了毒一样，感觉一想到画画就很开心和轻松，画画的时候心也是安静的，仿佛在浮躁的世界里找到了一块安静的地方。渐渐的我开始尝试画人物画房间，因为我在想，如果现在开始尝试画人物是不是可以加快实现出绘本书的愿望，没想到有天坚持画完我自己也被自己惊到了，原来我也可以画得这么好！只要认真画我是不是可以画得更好呢？

五张插画画完，发到朋友圈被给我出第一本书的出版社编辑看到，她建议我是不是可以将自己创作的插画放到自己的书里。我当时觉得这个建议很棒，于是就一口答应了下来，因为没有人更懂我自己想要表达的意境了。通过之前画的五幅画我对自己也有了些信心，还有就是一般在机会面前尤其是我喜欢的机会面前，我都不会轻言说不的。出版社让我把之前的稿子再修改一遍，加上插画的创作一周内交稿。这对我来说是一个很大的工程，因为我想要拼命地抢时间尽量多画，书稿又要重新改一遍，就意味着一周我不用睡觉了，我需要全力以赴面对这个挑战。

想起了《食梦者》里的绘画场景，两个高中生为了实现出漫画书的梦想没日没夜疯狂作画，满地的漫画纸，满手的颜料，最后两个人终于实现了出漫画书的梦想，并且取得了不错的成绩。回到现实里，我发现自己连画画的纸都没有，之前几次在网上买的纸都不对，所以我跑了一趟中央美术学院附近的美术工具店采购工具。之前我并没有画插画的经验，所以买的笔也是在不断的试错中。我买过水彩笔、彩铅、软头彩色毛笔、蜡笔、水彩颜料笔，这些我都尝试过，因为没有经验我把画弄得很脏，总是不小心就把画涂抹了。后来又扫描让闺蜜帮我用电脑清晰修改一下，那阵子整个一周的时间通常在后半夜我和闺蜜还在讨论这里那里的怎么弄，有的时候就是许久都不联系的好朋友，但只要你一个电话她也会二话不说帮你干。

因为是刚开始绘画，所以我需要参考很多图片，再结合自己脑海中的场景创作出一幅画，就是这么费力，谁叫我是新手。在这个过程中我任劳任怨地坚持着、挺着身体的疲惫不断地抢时间。后来从编辑那得知我只有 10 幅画的插画数量，也就没那么紧张了，因为 10 幅画对于我来说没那么困难。交稿的那一瞬间，我看到了自己潜能的翅膀，或许绘本的事情不用等几年以后了，现在就可以开始创作，现在就可以找出版社一家一家谈合作的事情了。经过这件事情，我有了一个新的想法，以后我的每篇文章都可以自己承包插画，没有人会比我更胜任做我文章的插画师了。有了想法就马上行动，后来经过一周的努力终于发布了一篇自己插画配的文章，那种感觉太有成就感了。

有阵子追《两个世界》韩剧，这部电视剧当时很火，我被里边的漫画图画深深吸引，于是上网查找那种画面是怎么画出来的，也学习了一些关于绘画的知识，知道了要有数位屏和数位板这种东西。数位板是链接电脑，画的时候要看着电脑价钱便宜一些，而数位屏是直接可以在屏幕上画画，要链接电脑但是要贵一些。也是我在某宝上淘到了一款狠心买了下来，虽然这预示着接下来我要过很惨的生活，但是当摆弄好长时间终于连接好用画笔可以画出线条的那一瞬间，内心激动澎湃。虽然还不会用 PS 软件，但是感觉自己往前迈出了很大一步。

关于出绘本的事情我并不着急，我会认认真真慢慢地把它画出来，将北漂的经历用生动的漫画加文字的形式画出来，即使最后没有机会出版也会把它们印刷成册，将本子送给十年后的自己。所以，你看，有的时候不逼自己一把怎么知道自己的潜能有多大，很多不可能的事情都会因为“我试试”而变得很奇妙！

提到画画我想起了摩西奶奶，她晚年成为美国著名和最多产的原始派画家之一。她对自己了如指掌的农场生活描绘可谓驾轻就熟。70 岁拿起画笔的摩西奶奶竟然画了 1000 多幅油画。

一个从来没有进过美术学校的农村女子，70 多岁的时候才因关节炎，已经拿不了针线才拿起画笔，这个长寿的老太太活了 101 岁，留下了 1000 多幅油画作品，其中 20 多幅是在过完 100 岁生日之后的画作。在百岁感言时曾说过：“今年，我 100 岁了，趋近于人生尽头。回顾我的一生，在 80 岁前，一直默默无闻，过着平静的生活。80 岁后，未能预知的因缘际会，将我的绘画事业推向了巅峰，随之带来的效应，便是我成了所有美国人都耳熟能详的大器晚成的画家。人生真是奇妙。”她 7 岁的曾孙女抬头问摩西奶奶，我可以像曾祖母一样开始绘画吗？现在开始还来得及吗？她将她拥入怀里，摩挲着她的头发，紧握着她的小手，注视着她，认真回答：任何人都可以作画，任何年龄的人都可以作画。如人人都可以说话一样，人人也都可以选择绘画这种认知及表达世界的方式，不喜欢绘画的人，可以选择写作、歌唱或是舞蹈等，重要的是找到适合自己的道路，寻找到你心甘情愿为之付出时间与精力，愿意终生喜爱并坚持的事业。

你最愿意做的那件事，才是你真正的天赋所在。——摩西奶奶《人生永远没有太晚的开始》。

是啊，画画对于任何人来说何时开始都不晚，也无须让自己必须获得某些成就，就像摩西奶奶说的那样：“做你喜欢的事，上帝会高兴地帮你打开成功之门，哪怕你现在已经 80 岁了。

人只有做自己喜欢的事情的时候才会变得潜力无穷，因为热爱会激发我们对事情的专注度和热情。很多事情一开始或许不能为你带来丰厚的财富，但谁知道以后怎样呢？坚持一两个爱好也不是什么坏事，起码在自己心情不好的时候可以拿出来安静内心！让自己的世界变得明亮些！就这样，我在 28 岁的时候拿起了画笔，打开了一扇奇妙世界的大门。

梦想开花　旭梦成真了

第一本书出版的时候我实现了 35 个梦想目标。截至 2017 年 4 月份完成梦想清单目标共 63 个。

其中有实现过拥有小的衣帽间，但后来因为搬家又没有了，于是就从完成清单里边删除了。不过没关系啦！梦想实现固然开心，但是没有实现我们依然要抱着本来我就很幸福的想法，哪怕如果没有实现我们依然要快乐地活着，因为梦想是锦上添花而不是雪中送炭。

在实现梦想的过程中当然有很多值得深深记在脑海里的故事，虽然不能每一个都全部分享，那样估计一本书也说不完，但是留下印象比较深的记忆我也会常常拿出来回味。

我的第一本书里记录了一些梦想实现的故事：第一次上杂志、

养成早起习惯的经过、一个人出去旅行、打理自己的时间以及分享了《30 岁前清单》。第二本书里也在其他章节分享了一些梦想实现的故事，如出版一本书、拿起画笔开始绘画、制作梦想愿景板等。在这篇文章里将分享一些其他梦想实现的经过和心情。

梦想花开时固然让人激动万分，但是每个努力和实现的过程更值得我们好好回味。

学会 5 种简单有意思的魔术

每当看到一些魔术表演我都会觉得很不可思议，也不断思考，这魔术的背后究竟是如何骗过观众眼睛的呢？真是太神奇了。所以有时候我在商场里如果遇到魔术店都会不由自主地进入看看，而店主也会很有兴致地免费表演，然而如果你问店主这背后是如何用的障眼法的时候，大多都要先买他的魔术产品然后店主才会揭秘并现场教会你方法。

我曾经遇到过一个特别简单的魔术，店主说可以用来搭讪喜欢的男生。两颗心，如果对方喜欢你手里的一颗心用手碰下他的手心就会跑到对方的手里。我反复看了好多遍都没有猜到原因，最后没忍住买了这个近景魔术。但是后来我在和别人表演的时候常常被别人识破，主要是手太慢也不太熟练，看来很多东西都是需要下功夫的，尤其是手指的灵活性，不然很容易穿帮。那个魔术的原理就是用一只手的手指夹缝夹住一颗心在和别人讲规则的时候就把心悄悄放进别人的手里，然后表演的时候，敲击观看者的手让他打开手心惊喜自己手里有颗心，其实是提前就放好了的。

除了对魔术感兴趣，还有一个原因是我总怕自己在某些时刻会陷入尴尬的被表演中，如果会一个小魔术说不定可以为自己解围呢！记得有一次公司组织活动，让新进员工上台表演一个节目，我表演的就是小魔术。因为担心自己会穿帮，上台时还和大家打趣地说："我表演完魔术，如果有想现场揭秘的可不可以在我表演完一分钟后呢？"

现在的我已经慢慢学会了5个小魔术，虽然都还不够熟练，但是也可以让很多人猜不透了，剩下的就是慢慢把它们练熟，说不定日后可以表演更大更有趣的魔术呢！多学一点小技能总是有好处的，会在某个特定时候帮你解围，多会一点东西也会让你成为更有趣的人。

去德云社看一次相声

大学闺蜜小白从海南专门飞过来找我玩，正巧十一假期间我也准备休息，于是我们俩开始了逛吃逛吃逛吃的模式，也一起去了德云社看相声。

在某一个晚上我们突然决定去德云社看相声，于是去某宝上淘票，店主说票是第九排的，到那里才发现德云社一楼只有九排，不过还好最后一排也能看清楚。

再也没有一个地方大声笑不会被人嘲笑，对于像我这种笑点很低的人来说很适合。这个钱花得很值，我们都没心没肺地从头笑到尾，看看旁边没什么表情的观众，感觉他们的钱都白花了。

给自己安排一次温泉旅行

我家附近有一处大型泡温泉的地方，我搬家过来都快一年了也没有进入玩，所以那次泡温泉也是为了犒赏自己第一本书出的辛苦，感谢努力奋战的自己。穿着新买的游泳衣在更衣室还被人称赞身材好，让我开心了好半天。

暖乎乎地坐在一处露天的大温泉浴池里感觉好幸福，旁边是一位母亲和一个大概三四岁的小朋友，母亲逗小朋友玩，鼓励她从水池的座位上跳进水里，小朋友丝毫没有怯懦，一跃而进温泉水池，母亲马上抱起了她。我就坐在这对母女的旁边听着小孩不断发出爽朗的笑声，心情也跟着开朗起来。

记得在电影里有人问一位游泳运动员为什么选择游泳呢？他回答说：因为游泳让我觉得像是妈妈的拥抱一样。我在想，如果是这样，那在温暖的温泉池里岂不是更像是一个大大的、暖暖的拥抱了吗？有时候什么也不想，就这样被暖乎乎的水包围着是一件特别幸福的事情吧！连心也被暖得不像话。

做一个生活惊喜本，用彩笔、图片、文字、贴纸记录生活的美好

我从 2011 年开始就在做这件事情，以前我没有打印机就把想打印的照片积攒到一起拿到打字复印的地方一起打印，然后拿回来把它们一一贴在本子上，并写下当时的心情。

还有一些旅行中的门票、火车票，一些值得纪念事情的照片，只要有时间我都会把它们收录进我的本子里。我想当我老了，走不动了，或者有些遗忘年轻时发生的故事，就拿起这个本子坐在暖乎乎的屋子里慢慢翻看这个生活惊喜本。那真的是一件让人觉得开心的事情，为了让老了的自己多些可回忆的东西，年轻时多经历一些事情是值得的，哪怕是一些糟糕的经历，在时过境迁后都会变得很可爱，原来的自己也曾那样乱七八糟过。

此情此景让我想起一首歌《当你老了》：

当你老了 头发白了 睡意昏沉
当你老了 走不动了 炉火旁打盹 回忆青春
多少人曾爱你 青春欢畅的时辰
爱慕你的美丽 假意或真心
只有一个人还爱你 虔诚的灵魂

爱你苍老的脸上的皱纹 当你老了 眉眼低垂 灯火昏黄不定
风吹过来 你的消息 这就是我心里的歌

收集各种可爱温馨的碗和盘子

自从开始自由职业之后，每天三顿饭都是自己做的，本来就是个吃货所以在吃这件事情上一点都不怕麻烦。平时去超市也喜欢去餐具区转一转，不管买不买，通常买的时候很少，因为盘子都不便宜，除非碰到特别喜欢的很动心的同时价格又合理，才会买来带回家。创业之后在支出这一块开始重视起来，不过即使这样控制还是收集了不少可爱温馨的餐具，每次碰到特别温馨的东西手总是会不听使唤，内心也产生强烈的拥有欲，总之收集可爱餐具这个病是戒不掉了。

前不久，邀请两位朋友到家里来做客，我们做了一桌子的美食，那个时候才觉得之前投资在厨房用品这块的钱没有白费，若是没有这些好看的碗和盘子怎么能拍出那么好看的照片。同样的食物放在不同的盘子里连心情也变得不同了。

努力的生活、认真的生活，有时候就是这么简单，如果在柴米油盐上增加些不一样的惊喜，生活也会变得有所不同！

买一个大冰箱 装满喜欢的食物

即使一个人生活冰箱也要买大大的，买很多喜欢的食物整齐地摆放，那是我眼中幸福生活的模样。不管遇到什么糟糕的事情，只要睁开眼，看到冰箱里有满满的食物心里都会很踏实。只要有力气就可以去改变，只要还能改变就会慢慢变好。

以前用的冰箱是一个小冰箱，装点东西就满了，得常去超市填补。第一本书出版后收入了一点钱，然后立马给家里添了一个双开门的大冰箱，现在连去超市的心情都变好了。虽然屋子里因为放了一个大冰箱变得狭窄，但是心里好像被填满了一样。

买一个大书柜

如果将来我的房间比较宽敞，我一定会买一个漂亮的书柜，然后把我的书整整齐齐地摆放好，甚至会分门别类按照一定的顺序摆放。如果阳光能洒在书架上那幅画面一定特别的美，而我宁可没有好看的包包和首饰，能和我所有心爱的书在一起就很心满意足了。

每次搬家比较麻烦的就是书了，让搬家的人来回搬一箱箱沉甸甸的书觉得很过意不去，而我一直以来家里住的地方都比较狭小，在书上也不能买太多，否则如何摆放也是一件麻烦的事情。有一天，经常给我送桶装水的大哥说："你要不要一个书柜，咱们附近的出版社正巧有一个不要的书柜给我了，我也没地方放，要不就送给你吧？"

就这样，拥有一个书柜的愿望终于实现了。四层木质的大书柜，简单简洁，虽然有一点破旧但是对我来说已经很好了，我可以把书全部摆在上边，也让狭小的空间变得清爽了一些。

买一台缝纫机，采购一些碎布自己做包包和衣服

对于缝纫我从小就喜欢，因为是奶奶带大的，而且奶奶手工又很好，从小耳濡目染之下也喜欢缝缝补补。

有次朋友给我发微信说："你以前送我的小包我一直带在身边用，它陪我全国各地的跑，也见证了我的成长。"我内心一阵感动。缝纫不仅能给自己带来快乐也能给周围的朋友带来幸福，这个爱好真的很不错。

在没有拥有缝纫机的时候，我经常会去网上查关于缝纫机的信息，那种感觉就像是家里的成员一直没有回来，心里始终不踏实。

终于有一天，我下了很大决心买了一台缝纫机，当拥有它以后每天看着都觉得心里很踏实，即使工作比较忙暂时没有太多时间花在缝纫上也很安心。

未来希望能按照自己的想法给自己做喜欢的裙子和衣服，如果经验比较丰富之后，也可能会设计一些原创的衣服分享给身边喜欢的朋友。小小的缝纫机也可以充满无数的可能性，真的好神奇！

去游乐场玩一次旋转木马

有人说旋转木马是见证两个相爱的人的爱情游戏，只要两个真心相爱的人同时坐在旋转木马上，木马就会载着他们到一个完美的天堂，他们的爱情就会天长地久。

想到旋转木马就会感觉到很温馨，虽然已经是个大人了，但很多时候内心的小孩还是不愿意长大，旋转木马、冰激凌、棉花糖，这些东西哪怕远远地看到都会在内心滋润甜蜜。

有一次公司组织团队活动给了一张游乐园的套票，我记得选择坐了旋转木马，我骑的那匹马特别漂亮，在阳光的照射下，木马闪闪发着光，那一刻远远地看着都很幸福。

拍古装写真一套

拍摄古装写真是梦想清单里的一个，2015 那一年我起早贪黑加班熬夜、勤勤恳恳地工作，抽出时间去做这样一件事情也是挺不容易的。

记得当时整个拍摄过程很辛苦，是在一个古风的公园里，也引来一些游客过来拍照和合影，或许是衣服太显眼了，让人会忍不住驻足停留，以为我们在拍戏之类的。拍出的照片我也很满意，像是穿越了一样。

记得奶奶曾对我说过，我们满族人结婚的时候要带旗头，那天当我穿上自己民族的衣服感觉很奇妙，虽然已经没有机会让奶奶看到我出嫁时候的模样，但是依然很开心，像是看到了当年奶奶嫁人时候的模样。

去陶艺室玩一次并做一个花瓶

每个月和自己约会一次，其实这个约定早就和自己约定好，只是有时候被时间的洪流冲起来，就会忘记。反正大部分的时光也是和自己在一起，做什么好像都是一样的。但是大部分时光除了和自己在一起还有很多外在的东西，放空什么都不想只是单纯和自己在一起的时光越来越少了。

那天早上睡到自然醒，不再早起，穿上棉 T 恤、麻布裤子，背上双肩包。那天要实现梦想清单里的不是很难但是也需要花几次时间去认真做的一件事情，第 39 个梦想愿望：“去陶艺室玩一次并做一个花瓶”。

这家陶艺室并不大，在三里屯商场的一个楼梯口，小屋虽然不大，但却堆满了许多白色半成的艺术品。我穿上一个褂子，坐在了一个工作台前，心里有些期待有些紧张，听老师慢慢地教做陶艺的技巧：“如果你想让作品变大就把大拇指放在杯口上，如果想变高就用两个手指从底部轻轻地往高推，力度要掌握好……”看着她的手指轻松地让一堆泥巴变高变宽又认真听她的讲解觉得这个也不算难。一心想做个花瓶的我，上来第一件事情就是想让作品变高，但由于我心急又没什么经验，分别出现了：泥巴甩飞、杯子形状扭曲、扭曲、又扭曲了。不由得开始紧张起来，心想：“我不会临走的时候什么也没做成吧！”老师说：“刚开始都这样，因为手的力度掌握不好所以很多人做的作品都是不怎么高。”

于是，我开始静下心来，这就好像给了我一个信号，原来大家都差不多嘛，就算做不成一个作品专注地做一件事情也是好的，重要的是经历体验！

我的进展比较慢，每次甩出很多泥巴我都觉得很浪费，于是我又把它们又再次融为一体，这些再次拼凑的泥巴越来越稀，越来越软。后来不得不让老师帮我拯救一下，我的要求放到了最低，能做个小盘子就行了，也不在乎什么形状了，有个能纪念的作品就好。

一开始想拼命地把作品拉高想做个高点的花瓶，最后做成的是一个小小的碟子，不过还是蛮开心的，看来快节奏的生活已经深入骨髓，想要偶尔慢下来也不是那么容易做到的，专注地做一件事情暂时忘记身后的一切还需要慢慢来，“快工作慢生活”一直是我想要追求的，慢慢来吧！

任性地吃一次自助餐

那一次我努力减肥甩掉了十斤肉，走路都变得清爽好多，于是奖励自己一顿大餐，是在中央电视塔旋转自助餐厅吃的，我一边欣赏美景一边什么都不想地吃吃吃，唯有美食不能辜负，减肥是也为了更没有负担地胡吃海喝。我不计后果地摆满了一桌子，在高处看着璀璨的城市夜景，此刻即使是一个人也觉得很浪漫，起码有一桌子美食的陪伴。

环顾了一周就我一个人独享一桌子的美食，而我也是第一次对自己这么奢侈，边欣赏夜景边开心地吃，那天晚上是一个人在北京最幸福的一刻！

买一套专业的录音设备拾起广播　用声音分享

播音器材上我一共买了三次麦克风，第一次以为有录音软件买一个便宜点的就可以呗，于是去某宝上淘了一个 30 元的小麦克风，到手后一顿安装录音软件，曾经我一度以为是安装软件质量不好的原因，也怀疑过是麦克风的问题，总之录的音频质量也不好，索性就没心思发到一些平台上。后来看到了一个爆款的麦克风才 100 多，大家的好评也不错，于是没忍住又买了这个爆款的麦克风，到手后又是一顿安装，终于觉得比第一个强多了。后来我在听其他主播的文章里插入的音频音质那么好的时候又反复地琢磨怎么提高自己的音质。反复琢磨之后我发现问题还是出在麦克风上，而那时我已经去专业的录音棚录制自己文章好几期了，录音棚的录音师傅告诉我除了专业的麦克风还有特制的房间有隔音效果。在他的怂恿下我入手了一台 2700 多元的麦克风，还带声卡和一个耳麦，看起来特别专业。而这套装备却是那家店里最便宜的，虽然相较于其他录音设备它便宜，但对我来说已经非常不错了。于是我开始了自己播音自己文章的习惯。

重新开始学习录音软件，开始学着录音，也回想大学时代在广播站的经历，这样的生活真的很不错啊！录制了几期之后很多朋友都夸我的声音好听，有时候真的没时间去看完我的文字，有个音频就方便多了。还有人留言说希望一直能听到我的声音！这些都已经成为了我坚持下去的动力，能捡起儿时的爱好，虽然不能当电台主播也已经很心满意足了。

采购一些 DIY 首饰配件　自己做首饰

有一天在徐静蕾的微博上看到了她做的手工图片，老徐自己一针一线做了 170 多个包，几百件小饰品。她说："要是所有人都理解你，你得普通成什么样啊。"说实话我被燃到了。

看到她做的树脂首饰，我不由自主地去网上查了半天，怎么可以那么美呢？透明的水晶滴胶里可以创意地按照自己的想法搭配图案，这是树脂首饰吸引我的原因。于是我也开始了自己做首饰入了坑，一开始做得好丑，后来慢慢有了一些经验，还把做好的树脂首饰送给朋友，这让我很有成就感。如果有时间也会去专门采购一些首饰珠子，自己的首饰是自己创造出来的，那种辛苦劳动换来的美丽是比戴昂贵的首饰更让人开心的。

玩软陶　做软陶饰品

玩软陶的时候会想起小时候玩的橡皮泥，觉得大体上没什么区别，但是软陶可以放在烤箱里烧制定型，甚至做成饰品随身携带。这种单纯的快乐可以让我的心在捏制的过程中安静下来，不觉得自己是在浪费时间。我表姐带宝宝来我家里做客，很不愿意离开，因为我这有太多好玩的东西。我们三个坐在桌子边上一起捏啊捏的，十分有趣！

学习烘焙　偶尔亲手做蛋糕

甜品确实能给人带来幸福感和治愈作用，同时也会带来小烦恼，因为热量太高吃完也会担心自己变胖。即便如此，人们对甜品的热爱还是戒不掉。每当我准备治愈温暖自己的时候都会找个正当的理由或是节日，好让自己吃得心安理得一些。

2016 年圣诞节我邀请了两位朋友来到家里，我做了小森林里边的双色蛋糕，用南瓜和抹茶粉做了两种颜色，小小的蛋糕我们却吃得很开心。学习烘焙偶尔做蛋糕请朋友吃更是一种分享的乐趣，看到朋友们吃得都很开心，那一刻蛋糕也会甜到心坎里。

所以啊也不要怕胖不胖了，想吃的时候就吃，偶尔体验自己做甜食的快乐。如果真的担心会胖，不如抓起运动服冲进健身房来一场酣畅淋漓的运动！

每当走到面包店门口都会停留一会，那空气是香的，原来这就是幸福的味道。

学会做 100 道菜

为了做这 100 道菜，我的体重从 100 斤增到了 110 斤，这算是我体重数字比较高的时期了，为了梦想牺牲点体重也没什么，自己胖上去的自己再减就可以了。在给自己做饭的日子里我爱上了烹饪，买了很多烹饪的书，也买了很多烹饪的工具，也看了很多美食类的节目，这些美食不仅暖了我的胃也暖了我的心。我关注的东西开始和烹饪挂钩，这或许是童年时期父亲对美食的热爱影响潜移默化地影响了我，烹饪也让我在这个旅行中慢慢找到了自己，更加热爱生活。前段时间我看了一部电影《朱莉与朱莉娅》，这是一部真实故事改编的电影，电影中两位热爱美食的女主角分别因为美食而找到了自己也找到了生活的乐趣。电影讲述了曾在法国生活过的美国人朱莉·查尔德写了一本美食书，而隔代的美国女孩朱莉娅·鲍威尔根据她的书来逐一实践，并发表在博客上，结果开始拥有大批粉丝，也因此懂得人生意义的故事。记得那天我看完激动得一个晚上没有睡觉，我虽然完成了做100道美食的愿望，但是我在这个过程中完全可以再认真一些，将我与每道菜背后发生的故事、当时这道菜刺激味蕾的感受、烹饪的技巧都可以认真地写下来，每一道做菜的经过用漫画形式画下来，这会是一个多棒的人生经历啊！于是当天晚上我将做1000道菜列入了我的梦想清单中。我相信每一个热爱烹饪的人内心都住着一颗热爱生活的心，也因为烹饪的技术越来越好，这期间发生感动的故事越来越多而让我更加热爱烹饪。

活成自己喜欢　而不是讨好别人的样子

曾几何时我也是胆小懦弱遇到事情不敢反抗的人，大概普通家庭的小孩都会这样，很多时候背后没有一个强大的保护多少会有些不安全。《欢乐颂》里的曲筱筱大胆自由，是因为家境殷实，不管闯出什么祸都有人帮她收拾残局。有时候像厮架打仗普通小孩也要掂量着轻点下手，万一哪打坏了医药费可付不起。这么说听着很露怯，但是有时候现实就是这样直白。若《欢乐颂》里的樊胜美能再强大点，撕白渣男也绝对不会仅仅是把屋子弄乱这么简单。

当然生活不可能这么戏剧需要我们上阵搏杀，武力解决的日子也已经过去了，成人的世界有时候没有那么野蛮，更多的是体现在智商和为人处世方面。

曾经我以为我自己会按照给自己安排好的方向一直稳步前行，先找到一家大公司，然后从一个小职位做起，凭借我的努力和拼劲一路做到总监这样级别的位置，成为都市白领丽人中的一枚，穿着昂贵的职业套装，涂抹一脸精致的妆容，穿梭于高级写字楼之间，演绎着自己的职场瑰丽人生。甚至会和职业衬衫男谈恋爱吧，那个时候好喜欢那种一身职业精干的衬衫男，就像是《杜拉拉升职记》里的王伟，事业爱情全部收获，人生也算是圆满。

但有时，生活好像并不是那么一帆风顺，多了些趣味性的调料，本来你打算画出一个圆，却不经意间画出了一个不规则的图形，然后回头看看这个图形却又觉得比传统的圆更好看，因为这个图形是你自己创造出来的。我没有一帆风顺地做职场中的白骨精，内心一个个躁动不安的小火苗慢慢在现实和理想之间不停地摇晃，许多童年时期和成长时期的一些曾经点燃过我的爱好，曾经作为孩子没日没夜忙个不停的“玩具”被我一一捡起，我在偌大的北京一处角落里，用自己的全部力量把它们慢慢撑起。我知道它们是我想守护的东西，是我活在这个世界上不妥协不顺从不屈服的证据。我的文字玩到出书，画画玩到有出版社邀约画图书配图，以前总是在一本书和一瓶化妆品前纠结，最后书通通打败了化妆品，我有五箱子书却没一瓶像样的化妆品。

不敢的事情太多，妥协的事情也太多，有时候会活得很压抑。回头想想，曾经儿时的自己多么的勇敢和无畏，虽然不会考虑周全到所有人的情绪，但是那时候却笑得那么没心没肺，就算伤害了别人，那一脸无辜的表情都是真的。

记得小学时候爸爸带我去买零食，这是我最喜欢做的一件事。那时候不管垃圾食品，不用担心那么多的日子总是很容易满足，吃什么都觉得开心，即便好吃懒做我也理所当然，反正我的世界里大多只有吃和玩，别的都不关心。买零食是我的头等大事，哪个好吃哪个不好吃我都比较有经验。记得有次要结账付款的时候，有个人也和我一样买了一大包等着结账，我看见他袋子里有袋零食是我之前吃过的，就特别好心地和他说：“嗨！那个不好吃，我吃过的，特别难吃！”那人也相信了一个小孩子的话，把我说的那袋零食顺手扔了出去。然后只见店主用恶狠狠的眼神看着我，我没有任何愧疚感且也一脸无辜地看着他。我真的不懂这位店主为什么要这样子瞪我呢，我只是分享了我的吃货经验嘛！爸爸在旁边笑了，出来后爸爸和我说以后要是告诉别人某个不好吃最好不要当着店主的面……

大人的世界真的好奇怪，总是说一些心口不一的话！

长大以后，我学会了偶尔说假话，有很长一段时间我不怎么喜欢我自己，从工作到生活，感觉自己为什么要这么懦弱呢？总是要妥协总是要让步，虽然给自己画了一张人生赢家的愿景图，却感觉总是活得很累。有时候我们并不是真的了解自己，往往在过着我以为这样子我就会很幸福的生活，讨好着公司、讨好着朋友、讨好着父母，以为按照父母的意愿过的人生才算是孝顺，真的顺从后发现那日子想死死不了，想活又不知如何改变，身后也一堆责任，仿佛没有路可以走，只能硬着头皮过着重复的每一天。或许你根本就不喜欢觥筹交错的应酬，你看着那些发了福的男人就想走人，你根本就不想和他们一起吃饭，但是为了这个为了那个即使酒桌上有人讲黄段子，你也不会像以前那样大声喊流氓然后甩袖离去，你学会了用智慧将黄段子顶回去让对方觉得你没那么好惹。

以前听杨宗纬唱的《流浪记》特别有感触：

我就这样告别山下的家
我实在不愿轻易让眼泪流下
我以为我并不差不会害怕
我就这样自己照顾自己长大
我不想因为现实把头低下
我以为我并不差能学会虚假
怎样才能够看穿面具里的谎话
别让我的真心散得像沙
如果有一天我变得更复杂
还能不能唱出歌声里的 Puyuma

不知是哪一天你或许也会有发现，自己变得很复杂，以前那个每天也很忙却很单纯开心的孩子变成了会演绎很多张脸的大人，其实演大人是很累的。有人说一个人只有在自己喜欢的人面前才会变成一个孩子，因为在那个世界里他觉得安全放松没有负担，就像我们在父母面前有时候也会坐没坐相站没站相。但是一回到工作又变得八面玲珑，爱谁谁的样子了。

大概是两年前，我那时候因为想急于在公司在行业里立脚，总是会珍惜自己的时间，那时候在行业里也小有名气，这也是别人告诉我的，我并不知道我被那么多人知道，有很多人想约我吃饭，对于见陌生人我是不排斥的，因为本身我的世界就很孤独没什么朋友，总是希望能有个小团体能把我收了，再次体验一伙人玩的热闹。记得有个人也是在微信上发起见面邀约，因为他太过于强势，我也回复了心底最想说的："你不用联系我了，我是不会和你吃饭的！"说完这句话当时并不觉得有何不妥，但是现在回想起来，那时候我的棱角被点燃了，即使现在我虽然学会了偶尔善意的谎言，懂得了一些成人世界的规则：话不说尽事不做绝，但我心底仍然想直白地表达，亦如童年时期哪怕对着店主也敢当面评价那袋零食不好吃。

或许我们再也回不到童言无忌的真我时期了，最初的讨厌喜欢全表现在脸上，只要是饿了哪怕全家人都睡了也要哭着喊着想吃东西，不喜欢的玩具就不玩，不喜欢的小朋友就不搭理，为了玩的这项事业每天像 CEO 一样忙个不停，从早到晚乐此不疲。

但是我们仍然可以一点一点靠近活成自己喜欢的模样，而不是讨好别人的模样，虽然一开始你会有些困难和阻力，可能事业也会因为自己的任性而与别人眼中的人生赢家渐行渐远。可是，这种踏实让自己越来越开心的感受是旁人无法体验到的，或许因为你的不妥协反而走出一条更有创造力的道路，那也说不定。

徐静蕾曾说过："什么'人生赢家'，都是人生过客，只有心里美，风雨无阻，年华无欺，谁也拿不走。"名利二字，不是老徐的格局。她的目标是，一年做 365 个包。她说，我们为什么要被教育做"一个讨人喜欢的姑娘"，而不是一个"被自己喜欢的人"。

娱乐圈中还有一位不走寻常路的女文青，在朋友们眼中，江一燕是那种躲在角落里的艺人，看起来乖巧总是微笑示人。但只有她自己知道，她的内心潜藏着一种狂野的力量，一直在时间的激流中积蓄，燃烧。不妥协，不强求，不委屈求全。不愿重复、不走所谓简单讨巧的成名路。她创作的歌曲《我不》也反映了内心的狂野洒脱。她是能弹会唱的创作型歌手。她还是一个悄悄在广西山区支教八年的老师，教语文，教音乐，教体育，教舞蹈……而她本人，竟然也是一名摄影师！她走出了亚洲，去过欧洲、非洲、美洲，爬过山，跌过跤，蹚过泥，多幅作品被选入《国家地理》。

韶光易逝，年华易老。莫要用易逝的年华虚度最美的韶光。

一寸光阴一寸金，不负春光不负己。每一天你都可朝着自己想要去的地方迈出一小步，或许你想去某个地方旅行，或许你想跨行业重新选择一个职业，那么哪怕提前做做旅游攻略或者查查资料都是在前进的路上不是吗？

杨绛老人家也曾说过：“我们曾如此期盼外界的认可，到最后才知道：世界是自己的，与他人毫无关系。”

不管你身处哪个年龄段，学会偶尔说“我不”，将人生做些减法，不因为世界的纷杂而慌乱了自己的脚步，或许到最后我们都会发现：人生最曼妙的风景，竟是内心的淡定与从容！而这一切只因为你开始活成自己喜欢的样子，你找到了自己，找到了自己喜欢的一切！而一句“我不”爆发出的力量远远超过讨好！而这股力量或许能指引你走向一个全新的、未知的自己想要的世界！

活成自己喜欢的而不是讨好别人的样子！

旭答关于梦想实现路上的 10 个问题

1. 如何做梦想激励，让自己不断有动力前行呢？

旭答：早上刚睡醒的时候在脑中回想你要创造世界的样子，去感受梦想成真后的那份心情。这会成为你前行路上最大的动力。回忆自己这一路走来，到底是什么力量支撑着我走下来，就是脑海中无比清晰的画面，只要一想到就会热血沸腾，浑身都充满了动力，会瞬间忘记现实生活中的麻烦事，眼睛里只盯着那幅画面，并不断想办法去靠近。

2. 我不断的努力却没有任何结果，不知道自己到底要不要坚持下去？

旭答：这是太正常的事情了，如果你眼睛里只盯着结果那真是浪费了一路坚持的过程，路上的许多风景也会自然而然地错过了。其实有时候我们坚持一件事情，在途中得到的会比最后那个结果收获得多，许多人都丢弃了不少宝贵的体验。

3. 梦想要和价值观一致吗？

旭答：许多人可能和我一样，自己的价值观到底用哪些词概括不是特别清楚，随着年龄的增长曾经定义的词也会有所变化。在梦最开始的初期，不要给自己设置太多的条条框框，不要因为在某本书上做了一个价值观测试就把它当成自己行走的圣经，做什么之前都拿出本本机械地对照一下。我个人比较相信直觉，一路也是跟着感觉和心走。你要什么不要什么才是你梦想起航的根本。

4. 我也想开始一个爱好，但是总怕自己会半途而废，于是一直都没有开始，该怎么克服这种心理呢？

旭答：这里给自己设的限是害怕失败，害怕没有世俗的成绩。其实很多人的爱好都没有成绩，成功是属于少数人的，但是别人或许看不出来，自己一丝一毫的进步都是清楚的，如果你的爱好能让你内心安静或者恢复自信，那比取得一定的成就不是更有价值吗？

5. 如何在繁忙的工作中不迷失自己？

旭答：学会监视自己的思维，看看自己都在忙什么，知道自己当下在干什么，就不会迷失在永远都忙不完的工作中了。

6. 如何度过迷茫和彷徨期？

旭答：没有左就没有右，没有上就没有下，没有美就没有丑，没有迷茫哪有豁然。如果你能理解当下的一切都是暂时的，假以时日走出困惑，会比没有迷茫前更豁然开朗。说不定还能引领别人走出迷茫，你完全可以做到。

7. 如何利用吸引力法则让自己梦想成真？

旭答：如果你选择思考好的想法，感受积极的情绪，那么你的振动速度会比较快，并会将好事吸引到你的生活中来。如果你选择思考消极的想法，感受消极的情绪，那么你身体的振动速度会比较慢，因此会把消极的事情吸引到你的生活中。就是这么简单。

所以有时候感受很重要，在实现梦想之前你需要不断让自己去感受梦想实现后的喜悦心情，一面将能量调整到最高，一面脚踏实地地不断想办法，去行动，周围一切人事物都会来协助你达成心愿，你或许会从一本书、一部电影、一个活动等窗口找到实现梦想的解决方法，梦想成真只是早晚的事情。

8. 如何做到不受别人目光的影响做自己？如何扫清追梦路上的成见？

旭答：很多人都是别人眼光的俘虏和人质，你的世界日日喧闹的原因也是你选择了让一些反对的声音和人事物成为你的阻碍。从另一方面来讲，任何梦想实现路上遇见的阻碍他们都是来成就你的，而非阻挠，如果你能坦然地接受当下的一切，便会在灵魂层面得到自由。

9. 梦想实现的路上如何克服困难和阻力？

旭答：我实现了63个大小不一的梦想，没有一件事情是容易的。有时候太容易得到一个东西我反而会有些意外，没有困难和阻力哪能凸显和训练我们日益增长的智慧呢。像唐僧取经一样，一难一难闯过，最后取得的真经才会珍惜，若是让孙悟空带师傅腾云驾雾一会儿就飞到了，怎么会有那么多生动的故事，而我们又怎会成长和蜕变。当你从灵魂意识层面就认识到这点，无论遇见什么都会坦然接受。

10. 你人生的终极意义是什么？

旭答：体验一切我想体验的，只要我想就努力去实现。

第五章　我创业了

开始创业　我终于自由了

2015 年末，我在上一家猎头公司的业绩开始出现停滞状态，但因为我之前业绩好，我是公司的上进榜样员工，所以老板对我并没有太苛刻。他知道我一出单就是大单，所以对我也比较有耐心和信任。但是我自己知道问题出在哪里，我的猎头事业驱动力开始变少，但是我依然热爱着这个职业，因为它让我这三年从一个愣头青逐渐蜕变成一位职场人，虽然赚的钱不多，但我从没有后悔当初选择加入猎头这个行业。

2015 年初，我的个人业绩就快做到了 40 万，这让我有了停滞的资本，后来虽然跑了一单但是仍然还算安全，就是我这种有业绩的员工老板通常不会太严厉，只是适当的时候谈一下问问最近情况。而我依然每天按部就班地上班下班加班回家，家和公司很近，几乎全年无休的节奏让我一度想要让自己有些变化。

我之前猎头的工作经历很简单，只在两家公司工作过，在猎头公司工作的时间其实也不过两年多，按照行业内的标准还属于猎头新人！要想在行业内做成榜样，没有五年持续坚守、没有五年时间的沉淀是修炼不成精的，有些亮丽的业绩数字就是不断地熬，那句老话说的很有道理：要想人前显贵必须人后受罪。做了类似销售的工作就会陷入无休止的 KPI，每天除了工作就是工作，偶然抬头发现时间流逝快得惊人。有时回到家看到落了 3 年灰的吉他时常感觉我对不起它，高高兴兴把它买回来却不碰它，就像娶了老婆却从来对她漠不关心。偶尔觉得自己辛苦的时候就翻翻梦想清单，上网查查自己喜欢的缝纫机最近有没有涨价、这附近的舞蹈室最近有没有涨价、翻翻自己以前做的手工品……对，我那时只能望梅止渴，用这个给自己打气挺住。然后发了工资，左思右想，是去参加那些行业交流会还是职场竞争力相关的培训？就这样我对自己也够丧心病狂的，短短两年多参加了 80 多个培训，我花光了自己几乎所有的积蓄。工作培训和学习确实把我修炼成一个自律懂时间管理不再是以前那个慌慌张张的毛丫头。嗯，是的，我找到了自信！但是我心底想做的事情还有很多，如果我依然在猎头公司这样持续下去结果也会清晰明了，凭借我的毅力和汗水，短短几年会成为一名资深的猎头顾问，这背后是无休止的 KPI，每日神经绷紧的生活，我还是会加班加班加班到流鼻血，即使我成为了一名很棒的资深猎头顾问，我依然是朝九晚五偶尔加班的上班族。

而我内心向往的生活其实是：

我想做自己喜欢的事情，顺便赚钱，这才是我真正想要的人生！

我不想成为别人眼中的成功人士、人生赢家，我想成为喜欢的自己，开心快乐地过每一天！

于是那段日子我陷入了想死也死不了，活也活不好的艰难岁月。

我依然在加班，依然是勤奋的员工，依然每天在打电话，可是那阵子只是为了完成业绩 KPI 而已。

终于我的忍耐到了极限，2015 年 12 月底突然某一天没有征兆没有前奏，连我自己那天也不知道自己要离职的那天离职了。我知道接下来的生活可能会陷入兵荒马乱的地步，可能会连吃饭都成问题，但是我认了，我全都认，就像当初来北京第一天那样，我可以从头开始，什么都不怕。

"大不了就从头开始，又能怎样呢？"

然后我从南三环也算是靠近国贸的地方搬到了昌平一间办公室里，是改装的小复式，当然我的房租也减少了很多，这里既可以工作又可以休息，我第一个工作室就在这里诞生了。这间办公室两面全是落地窗，白天阳光充足暖洋洋，晚上冰天雪地冷得我感觉像是生活在《冰雪奇缘》里的冰宫。

猎头的工作我依然放不下，因为做生不如做熟，我需要生存下来。于是跑去注册了一个公司，或许以后我不能全职做猎头但是每天依然可以拿出几个小时做猎头工作，毕竟现在我的职场竞争力储备也就只有这个，它是我的生存之本，也是我曾经为之付出过很多的事业。

那阵子我最大的困惑是需要创业资金，之前所有的积蓄都投资了自己的脑袋，除了收获些暂时不能变现的智慧我和第一年来北京没有什么不同，但有明显不同的是我认识了一些朋友，我在想过去的日子里我给别人留下的印象不差，所以我去找钱应该不会有太大问题。内心迫切渴望的生活让我放下自尊放下面子出去借钱，就算是负债累累我也一定要改变自己现在的生活，因为我现在的状态即便回猎头公司依然工作不好，所以我没有退路，只能往前走。

我向四位好友同时发了求助信息，简单明了需要钱。有两位朋友像是谈生意一样问我创业构想、战略方向等，其实我的构想并不具有说服力，但是我想表达的是：我是一个有信用的人，我借的钱就算是年底我失败哪怕去别人那再借也会还你的！

有的时候当你身无分文的时候经历的世界更彻底

两位朋友抱着对自己钱负责也对我负责的态度，展开了一系列盘问，于是最后我放弃了。但是还有两位朋友二话没说就打钱给了我，也没问具体做什么也没要利息，也劝我不要着急，那一刻我泪崩了！还有一个在背后默默支持我的妈妈，她也拿出了自己的私房钱给我，说以后如果结婚嫁妆少些不要怪她。那个当下，我有种即使豁出去半条命也要去努力的力量。因为这些年我一直努力的方向是活出自己和生存，并没有给家里带来什么物质回报，总觉得自己特别没出息，也蛮失败和自私的。但是如果让我回到小城市随便找个人嫁了，如果过这种母亲期待的生活，还不如直接老去等死神招手来得痛快。

那时我并不知道用社保可以去贷款十万以上，后来在一次行业分享上是一个女孩站起来热心告诉我的。当我知道之后想去做贷款却发现之前社保没断还可以，像我那时已经断了大半年就不可以了。

总之经过一番周折，启动资金已经筹备好了，剩下就是杀出一条自己的自由职业之路。

所谓无知者无畏，如果我当初能预料到自己之后要经历各种惨和艰难，或许不会这么冲动就上路。

自由职业第一步　注册公司

现在注册公司比以前容易多了，有很多代理公司可以帮你办理，我虽然请了代理公司，但是公司名字还需要自己想，一些琐碎的事情还需要自己亲自出马，于是那阵子我的身影就是跑这跑那整日出去东奔西跑。身份证过期又回趟老家办了一个新的。开户银行办理时用的是旧身份证，所以我还需要去变更下身份证做个企业账户，光是银行我来回跑不下 5 趟，一去就是小半天，还必须在工作日。办好后又要开网上银行、印名片、注册邮箱、财务做账……

有一天下午我在家做网上开户银行的注册，之前在银行已经办了对公账户，需要公司的网银操作员进行“注册管理员”的操作。我按照步骤一步一步地进行着，到最后总是会弹出：“会话失效当前出口与登录出口不一致！”于是打客服电话、打银行电话、打代理公司电话，一度要崩溃，特别想甩袖子不干了，但是又不能不干，一遍一遍核实，也给表姐夫打电话，因为他们家公司注册的事情也是他一个人办的。终于一切都弄好了，我长叹一口气，望着窗外已经黑天。我在心里问自己：“这样的小困难小坑小坎还要遇见多少呢？”

这些小事有时候确实挺麻烦的，我没有助理没有员工，所有大小事情全部一个人搞定，不过对于创业的人来说应该很平常了，很多事情都要学会自己一个人扛，不知不觉中动手能力会越来越强，也越来越不怕事，内心也会随着经历的波折而越来越淡定。

开门红的第一单

创业第一个月，我开了一个大单，单子的金额是 14 万元。那一刻我觉得我的世界都亮了，我仿佛看到这一年都会充满精彩和芬芳，忍不住告诉了身边几个知道我创业的朋友。这家客户的创始人是我之前一位候选人，我们认识两年多了，我对他印象非常好，觉得他是一位情商很高也很有能力的职业经理人，所以他有人才需求产生我也很愿意帮他忙。我知道他刚融资不久也是创业期，其实根本不用给我 14 万，哪怕一半哪怕几万都是能接受的。

一个文艺青年跑去滚滚洪流的商战场，如果你想看一帆风顺的故事那可能没有，现实远比电视剧要狗血。有时候都市人翻脸比翻书还快，你以为你很熟悉一个人其实或许只是你以为而已，这个洪流社会有时候确实让我们从童话的世界里不得不走出来看看。

结果是：14 万没有拿到，而且我还被这位朋友一顿精神上的羞辱。

做了两年多猎头，没有签合同，这件事情说出去会被一大街猎头同行嘲笑，再也不会有比我更蠢的人了。刚开始创业就像是上阵杀敌没带兵器一样乱跑，价钱分成应该在之前就谈好，就算是很亲近的朋友也要算好账，不然你不知道会发生什么样的事情，哪怕是已经签订合同也有人会变卦，这都是很正常的。

我在自己的冰雪世界缩在椅子上围着厚厚的毯子，不停地哭，一盒纸巾被我不停地抽抽抽，这是我来北京哭得最凶的一次。人哪，伤心的时候总是觉得自己最惨，有时候抬头看看，其实有好多人比自己惨多了，自己经历的根本就不算啥，过了 5 年再回头看看当初自己经历的事有时候连自己惨的细节也都忘记了。给朋友打电话，告诉她我的事情，于是她给我讲了一个她另外一个朋友最近创业的故事，那一刻我觉得我的情况好多了，反而同情那位美女的创业遭遇，这才渐渐平复了心情、渐渐停止了哭泣！那位美女和一位朋友合伙开公司，然后那位朋友又自己注册了一个公司把客户都抢过去了，还在行业内到处说她的坏话，已经闹到法院的地步，她也是一把鼻涕一把泪地找我们共同的朋友哭诉。

想想我们同时找一个人哭得梨花带雨的就想笑。原来我只是一般惨，既然这样也没有什么好哭泣的了，继续开工前行吧！况且遇见这样的结果和自己的不小心不谨慎也有很大的关系。

最糟糕不过是 已经很糟的时候又糟了一些

有一天我在家工作，早晨9点接到了一个骗子的电话，他好像很清楚我的现状，演技可以去得金马影帝了。环环相扣很多主演群众连续出场，整整一上午我被轮番轰炸带入了他们的世界，大脑就这样被洗了。我后来上网查了这个骗人的套路，很多企业高管都被这样的套路骗过，结果就是我损失了小一万。这笔钱是我的唯一储蓄，我以为自己可以轻轻松松在三个月内华丽转身。再开几单华丽转身自由职业的时候，一个晴天霹雳的电话，我又成了身无分文的穷人。

我在想我能被骗和当时心浮气躁的心态有关系，总希望这个过程快点结束，我甚至还在中间催促骗子领导们的审查结果，还有一点当被告知可能会被卷入地下钱庄特大洗钱案时候已经被吓得够呛。觉得自己可能就这么完了，于是接下来的种种也开始不淡定。

表哥给我打电话："你没事吧？"

我说："我没事，还好我比较穷没有什么太大的损失，也难为他们了那么多人为了我忙活紧张了一上午才赚那么点钱！"

后来，我听从了骗子的建议，把所有信用卡剪掉关闭，把多余的卡全部注销，那一刻感觉骗子的话有几句还是挺有道理的。这件事只是难过了一天而已，第二天又开始忙别的了。

如果让现在的自己对当时的自己说一句话我可能会对她说：你也有被骗的时候啊！说明你只是个普通人罢了！哈哈，没什么大不了的！

众筹出书　忙前忙后

上半年偶然接触了赞赏平台，他们是专门服务作家出书的一个众筹平台，我也只是试水一样地在上边写了一些自己出书的想法，没想到接到了工作人员的电话，他们详细地介绍了关于众筹出书的相关信息。那一刻我好兴奋，感觉自己说不定可以实现出书的愿望，于是按照他们的要求递交了关于出书的相关文字和信息。接下来开始了一个人众筹运营的工作，我给身边所有的朋友都发了一遍我要众筹出书的讯息，凭借这几年的好人缘的品牌信任积累，不到两个月就得到了出版社的承接。

之后的每天都在想办法写出自己心底想表达的话，在各个微信群里活跃、朋友圈也要发不同的信息免得别人看着烦。一些猎头平台想要邀请我去大会分享都被拒绝了，因为我开始走了一条非正常的猎头职场之路，我和大家不一样了，我的业绩达不到行业标准，就连身份也不知道该说什么好！猎头老板？猎头顾问？独立猎头？SOHO 猎头？如果出去分享又会被大家挑战，免不了要回答所有人要问的问题：“你最近做了多少业绩？”“你今年做了多少业绩？”当然在众筹的过程中也经常会被很多同行盘问，比如：

“你出书，作为一位入行不久的猎头你有什么经验可分享的呢？”

“你的业绩做得如何呢？”

“你不要给发广告好吗？”

等等之类刀刀见血的问题好多已经回忆不起来了，因为当时也没想记下来。

那时候付出了全部的努力和时间，冒着书可能不会出版的情况一路跌跌撞撞地熬了下来。

采买画笔　一度让我很穷

那阵子我为自己的图书画插画，开画之前发现自己连画笔都不全，纸都没有，于是又风风火火地出去采购画笔画纸。

我小看了这些杂七杂八的小东西，一瞬间让我的经济陷入了紧张，但是已无心管这些事情，只是想一心一意把任务完成。整个一周的时间我的桌子底下全是纸、书、零食、画笔，外卖咖啡红牛零食，又快把我吃恶心了，终于把稿子全部画完精修完交稿。

两个月封闭式培训差点死火

那阵子偶尔会陷入焦虑，有时候自己焦虑自己都不知道，只知道自己不在最佳的工作状态。

各种开支搅和得我心烦意乱，怕自己陷入焦虑，去上网看缝纫机、麦克风图片，只能舔图没钱买，去逛美术店眼巴巴地望着五颜六色的马克笔没钱买……

夏天临近小屋两面全是窗户，开始热得我直喘气，为了节省电费也是体寒的我从来都不开空调……

一位朋友看我情绪波动，时而兴奋时而焦虑时而紧张，于是帮我报了一个 coach 培训，希望我的状态能变得好一些。我不想评价关于这个课程的意义和价值，总之它不适合我。我参加了两个阶段，中间又回家休息一段时间，第三阶段实在不想上了，因为本身我就非常自律根本不需要别人逼我去完成目标，加之课程在上海，我之后要经常北京飞上海往返于两地之间。因为我的不配合几乎被所有团员挑战，总之就是我各种需要提升呗，那几天我几乎被挑战死火，甚至开始质疑自己的人生。

近三年来我参加过大大小小几十种培训，就是为了能让自己储备更多的知识和技能，有些培训虽然好但是确实给不了我太多价值，有些培训虽然便宜但是带给我的触动和灵感远远超过课程的费用。我知道接下来是我自我修炼之路开启，不再会像以前那样一有学习的机会就急匆匆地参加。

吸收知识也是一个循循渐进的过程，太多太乱都不是好事。

就这样大半年很快就挥霍过去了，接踵而来的各种开支一度让我每天睁开眼就很心烦意乱，那时候我不知道自己已经陷入焦虑了。就这样开始创业，我虽然得到了自由之身，时间精力全都由我自己支配，但是随之而来的考验也接踵而至地扑过来。

成功没那么快 我陷入了焦虑

有时候身体不好状态就不好，状态不好身边一切都不好。

因为运动很少，加上我的体质本身就很弱，还有搬到冰雪玻璃小屋后觉得哪哪都冷，买了暖宝宝、暖腰宝宝、暖脚宝宝各种宝宝，仍然抵不过冬日的寒气。仅仅半年我感冒三次，每次感冒不巧的又碰上大姨妈，发烧咳嗽浑身无力，我就只能躺在床上喘气。家里连个外卖电话都没有，因为我都是自己做饭，有回病倒了眼看着自己就快被饿死。半身靠着枕头看偶像剧的心情都没有，有几天觉得自己真是惨爆了。

给房东打电话，让他帮我找几个附近外卖电话。给朋友打电话求救，来北京认识不久的好友大白，晚上开车给我风风火火地送了一堆吃的，真的是我的大白啊！那一刻我不再怕麻烦求助朋友帮忙，我知道因为这件事情我们的关系比之前会更进一步。

生病的时候也会受到一些外界的干扰，让人整个心情都会变得很灰，不知道为什么连身边比较亲近的朋友也会老问一些我不想回答的问题：

“现在的年轻人真是想一出是一出！”

“现在的时代是个人就能开公司！”

“你出单了吗？”

“你最近开票了吗？你报税了吗？”

人在体力能量都弱的时候会无力招架，正确地说也不想招架，想把力量用在开拓疆土上面，这些七大姑八大姨的闲言碎语能躲就躲。成长的路上本来就非议不断，只有自己才知道自己想去的地方，也只有自己知道自己想走的路在何方！

在一本书上曾看到过这样一段话：“在压力之下，你的身体会产生大量的皮质醇。这种激素会使得你的记忆力下降，难以产生富有创造力的想法，只感觉成功与否完全不在你的掌控之下。”

当时可能没有发觉，我已经陷入了焦虑。

每当夜深人静，我脑袋里都被自己的一些思绪缠绕得心烦意乱，有时候一个点就能好长时间陷入焦虑的情绪里拔不出来。每天睁开眼我首先想到的不是目标而是：水费、房费、电话费等一切开支费用。我知道唯有在状态里，在事业上能有些成就，才能不会这么慌乱。我什么都知道，只是做不到，我管理不好自己的情绪。并且我也不相信自己会陷入焦虑这件事情，一直以来我都是自带小太阳和朋友眼中的正能量，怎么可能会焦虑呢？

就这样，出书的事情悬而未决，接二连三的不顺利导致情绪能量很低。每当心烦意乱的时候我都会想大吃大喝一顿，然而当暴饮暴食之后随之带来的是更心烦意乱，因为我做梦都想要苗条的身材，控制不住自己这件事情让我很没有掌控感。

后来有一次和几个创业的小伙伴聚会交流的时候，也听一个同伴这样回忆自己刚开始创业的情况：半夜三点通常睡不着觉，然后就起来工作，经常麻烦朋友开解心情，整个一年的状态都不好，但第二年的时候内心变得异常平静。

而我也是这样的情况，直到了第二年内心才开始变得平静，作息规律工作生活恢复到平常日子。

2015 年我去美容店里做胸部保养，美容师对我说，我的右胸貌似有两个硬疙瘩，要不你去医院检查一下吧！这句话把我吓坏了。胸是女人的命，这里要是出问题该怎么办呢？虽然内心很害怕但还是去医院做检查。我去的是北京非常有名的医院，所以光是挂号就等待了两周，加上预约的时间这个检查做下来差不多小一个月。一个人最害怕最恐惧的是等待结果等待宣判的时候，所以有些病都是被自己吓死的。

那时候在等待结果的期间我看了一部乳腺癌题材的韩剧《嫉妒的化身》，讲述的是一对同患乳腺疾病的情侣的故事。女主角对待乳腺疾病强大的内心感染了我："其他人为了隆胸什么都往里搁，我倒好，如果做手术的话估计得变得更小了，这可是胸部又不是肚子，胸部上的每一克肉都很重要好不好。"

那时我除了发愁我会不会手术的问题，一方面也发愁如果手术上哪去弄钱？

一个人坐在医院的长椅上看着手中B超片子有些莫名的害怕。

后来检查结果是右侧有两个结节不是很大，被判断为乳腺增生，医生说70%都有这个病，不要太放在心上。那一刻我终于松了一口气，发现过去给自己的压力太大才会导致身体发出求助的信号，好好爱自己，什么事情都不需要去担心，也没有可着急的。

后来我查阅了乳腺增生的相关资料：

乳腺增生病的病因尚不十分明了。目前多认为与内分泌失调及精神因素有关。黄体素分泌减少，雌激素相对增多是本病的重要原因。主要为乳腺间质的良性增生，增生可发生于腺管周围并伴有大小不等的囊肿形成；也可发生在腺管内而表现为上皮的乳头样增生，伴乳管囊性扩张。此外，尚有一种小叶实质增生的类型。一般认为，神经、免疫及微量元素等多种因素均可造成机体各种内分泌激素的失衡。人生存的外部环境、工作及生活条件、人际关系、各种压力造成的神经精神因素等均可使人体的内环境发生改变，从而影响内分泌系统的功能，导致催乳素（泌乳素）分泌增加，而可能引起或加重乳腺增生病。乳腺增生主要以乳房周期性疼痛为特征。起初为弥漫性胀痛，触痛为乳房外上侧及中上部为明显，每月月经前疼痛加剧，行经后疼痛减退或消失。严重者经前经后均呈持续性疼痛。有时疼痛向腋部、肩背部、上肢等处放射。患者往往自述乳房内有肿块，而临床检查时却仅触及增厚的乳腺腺体。据统计，我国每年新确诊乳腺癌病例占全球的12.2%，新发病率增长速度是世界平均水平的2倍，而北上广等大城市更是乳腺癌的重灾区。

身体的警示让我必须重视起压力和饮食这两个问题，我要一个个清除脑袋里的压力源让自己越来越不着急。也是那一阵子我发现，很多事情就算搞砸了又怎样呢？都是我想太多。人生真的是很有意思，二十出头的时候特别着急，着急得到社会的认可、家人的认可、单位的认可，而过了一个节点不一定是某些年龄为准，就会变得不着急，也劝自己不要着急，要慢下来享受生活。现在每天有太多的压力包围着我们，如果你不给它找突破口就等着身体因为高压而出毛病。

很多事情搞砸了又能怎样？

30岁没嫁出去又能怎样呢？

30岁没立又能怎样呢？

没车没房又能怎样呢？

没有做到世俗眼中的成功又能怎样呢？

没有漂亮衣服穿又能怎样呢？

那时我偶尔会在心底默念咒语：“又能怎样、没关系、会好的。”

有时候，只要向前看，一切都会好起来的！

世界是我们自己的，你不需要逼自己活给任何人看。

之前参加过一个活动，遇见一位女孩在互联网做运营工作，她工作很拼，经常会上夜班，前不久就是连着加班到深夜有一段时间，突然某一天早上醒来耳朵听不见了。去医院检查，属于神经性耳聋，休息一段时间听力开始慢慢恢复。了解她的生活作息多半是12：00以后睡觉，虽然她已经30多岁，但是活得依然很年轻啊！在北京，这样过夜生活这样加班的人很多。生病后，她开始对自己好些了，想吃什么就吃什么，也不再像以前那样熬夜通宵。

那阵子因为生病，我开始将节奏放缓，我面临一个很现实的问题：我要让自己活下去，且不能着急。

生病是生病，关键是生病后我没有钱给自己好好的治疗，精力也不容许让我过度地疲劳工作，存款根本就不够，但是如果你不努力赚钱哪来给自己看病的钱？因为只有一个人养家啊！但还好身边有几个靠谱的朋友，愿意借钱给我。来北京整五年，没有开口和朋友借过钱，我的自尊在这个节骨眼也全都抛在脑后了。不过还是感受到了一些友谊的淡薄，有几个我觉得借钱肯定没问题都认识那么久的朋友，这种铁关系怎么忍心看着我山穷水尽呢？现实是，我真的不想再用借钱的方式测试我曾经认为坚固的友谊，有的人冷冷地回复一句“没有”，有的人干脆连信息都不回了。因为生病又重新梳理了一下身边的友谊关系，也是一次友谊洗牌，哪些人应该真心付出哪些人是路人，这个真相早晚也会知道。有些朋友即使没有钱但是依然很关心你，这时候比不回复信息的朋友强多了。那时候我又开始后悔，为什么把信用卡都剪掉呢？一位身边的朋友对我说：“成熟的女孩从不向身边朋友借钱，就算缺钱也会向银行借钱。”这句话真是啪啪地打脸啊！

一个人生病。

一个人生病没人照顾。

一个人生病，没钱看病，也没人照顾，还得努力工作为自己赚钱。

这些都打不败你，真正打败你的是我们自己投降了。

我一直都相信，事情都是往好的方向发展的，如果不是这样那一定还没有到最后。

现在的我，生活开始归于随心的平静。为了身体健康每天都会多想想怎么让自己吃好，三餐都在家自己料理。晚上 9：00 开始准备睡觉，买了木制的泡脚桶每天泡一下，洗个热水澡敷张面膜，想看会儿韩剧就看会儿，不怕别人说自己是脑残，自己开心最重要。10：00会准时睡觉，早上也会睡到自然醒，现在我也不会像以前那样定闹钟一定要4：00点起，说来也奇怪，不给自己压力后，早上反而自然醒的很早，现在早上通常会在4：00到6：00左右醒过来。

其实生活没那么多必须一定要怎样，就算很多人逼你成龙成凤你觉得这件事情和你无关，压力也自然不会找上门。学会自我调节有时候特别重要，要允许自己偶尔半调子、允许自己拖延，搞砸了又能怎样呢？没必要逼自己活成别人眼中优秀的模样。

你要相信，不开心的日子总会过去，开心的日子总会到来的。

当我状态越来越好，无论是内心还是身体逐渐变好后，我在创业上也有了很多新的点子冒出。而这些新奇的点子虽然不能赚大钱，但是也让我可以勉强地活下来。随着自己新书的上市，这个大石头终于落地，仿佛生活在暗示我一切都会慢慢变好起来。

当下如果有困难没弄死你，将来有一天一定会回报给你一份大大的礼物。

所以，如果2016年能重活一遍，我还是会选择自由职业的冒险之旅！

夜宿办公室

有阵子在家工作没有状态，我认为可能是工作环境的问题，于是在家附近一个大型的创客广场租了一个工位，每个月要交 980 元。在那里可以像上班一样朝九晚五，有健身房、书房、餐厅等一应俱全，后来随着我状态逐渐变好也为了节省开支就退租了。

有一天晚上 11 点多，回答完候选人最后一个问题：

“我觉得简历也不是写得越详细越好吧！你有什么建议吗？”

“简洁又不失厚度最好。”

“嗯，明白！你还没回家吗？”

“到家了，安。”

“晚安！”

我哪是到家呀，是又开始去找睡觉夜宿的地方了，工作到这个点回去打车要花钱，出去住酒店要花钱，而现实就是我没钱。3 月初从老家回来，整个一个季度我都没有进入最佳的工作状态，精力被出书、家里环境差（周围装修）、公司注册等琐碎的事情牵绊着，我知道这些都是我的借口，潜意识就是不想承认自己暂时失败。现在的我是一名为自己打工的 SOHO 独立猎头和自由创业者，我有自己的公司且拥有一个员工就是我自己，虽然之前没有什么成绩但是我依旧没有放弃在不停地找方法解决这件事。直到我租了现在的办公室中的一个工位，准备连着夜战在此。我拖着的一个皮箱里边应有尽有，和表姐说了这件事，她说她这回信了，以为我之前说要安营扎寨在办公室是开玩笑的。

因为要节省开支，加班到半夜 12 点以后我需要找个地方睡觉，在半夜三更便悄悄地溜进了这座创业大厦的图书馆，拐到最里边我发现了一排沙发，那心情如同被困在岸边很久终于看到一艘小船过来营救，我挥舞着双手拼命地向它招手。把发现的这块宝地发给表哥，和他说了这件事：

“天无绝人之路，找到这么一个睡觉的地方，谁去睡胶囊旅馆，死贵死贵的。如果我被人发现也有说辞，我看书太认真就一不小心睡着了！”

“什么地儿啊？图书馆？”

“大楼里拐来拐去没想到里边有这么长的沙发，够睡啦！”

“估计会不让睡吧，人家肯定有检查的！祝你好运啦！”

整座大楼一个人影都没有，若是真的有人过来查那也挺吓人的！被表哥这么一说我倒是真有几分害怕了，四处打量周围的环境，长长的咖啡色沙发配暖暖的黄色灯，怎么感觉都像在咖啡厅，外加对面是落地玻璃窗，自己虽然落魄的夜宿在这里都觉得蛮有画面感的。我去书架上取了两本书，一本《乔布斯传》，另一本是日本韩国旅行的书，拿到座位上也没有心情多看只看一页就想要进入梦乡了，于是它们特别有用的成了我的临时枕头。怕自己会冷带了一件宽松的牛仔上衣，整个房间空旷寂静，有一点点动静都能听得非常清楚。快进入梦乡的时候，突然我听见了一点声音，从沙发上惊醒，条件反射地坐好趴在桌子上看书。趴了好一会发现没有人进来，松了一口气，对自己说：“难道是我听错了？算了，还是睡觉要紧，感觉好累，管它安全不安全，我先休息一会！”早上五点从沙发上醒来，第一感受就是：“糟糕，感冒加重了！我真是蠢到家了，应该带件厚点的外套来的！总是把自己照顾得好糟糕，已经很注意营养均衡了，今年还是感冒了三次。”

和表姐说这件事，她说：“你睡觉怎么能不盖被子呢？不盖被子怎么行呢？”

我想了想，本来就怕被发现夜宿在这了，若是再带一条被子被人发现那岂不是很尴尬，成标准的流浪汉了。

我回复："带一件厚点的外套就好了，晚上我回家拿！"然后想赶紧挂掉电话不听她的建议。

"你别着急挂电话，你这样会把自己整死的，即使不盖被子，带一条薄点的毛毯也行啊！"她急着说。

她的建议我怎么就没想到呢？是该带一条毛毯，我这样生病其实对工作而言更耽误事不是？就听她的吧，回家带一条毛毯过来。

记得有一天晚上10点多，我起身准备出去转转，看见门口有几个警卫工作人员在查房，因为才10点多，所以我不怕被他们逮到。警卫工作人员看见一个小姑娘还在加班也不禁问我："整个二楼就剩你一个人了，你不害怕呀？"我笑着淡定地回复："那又怎样呢？"心里的潜台词是："姐大学上的是警校，学的可是治安管理，虽然身手不咋地，胆量还是有的。""那你可真厉害。"两个警卫大叔笑着朝我说。"你什么时候走啊？一会走的时候别忘记把灯关掉！""我10点多走，知道啦！""现在就10点多啦！""知道了，一会就走！"

晚上12点，我披着一条粉色卡哇伊的毛毯，飘到了楼下，穿过走廊，发现一楼只有一家公司里边一个人在加班，是一位30多岁的男人，看着他在灯火通亮的办公室里认真地工作心里很是敬佩。我悄悄走到了图书馆门口，发现大门紧锁，好像不开放了，过些天会正式营业，这对我来说简直是一个晴天霹雳的噩耗，这代表着我没有沙发可睡了，整个一楼二楼每个犄角旮旯我都看过了只有这里有隐蔽的沙发可以睡。我该怎么办呢？这时听见屋外一阵脚步声越来越近，我慌张地四处查看，看是不是要躲一下。这么晚是谁呢？本来我是不害怕的，但是刚才那两位警卫大叔的那句话又隐隐地让我有些害怕，所以本能的还是想找个地方躲起来。可是那个地方四处空旷，只有个阶梯教室，唯一能躲的地方就是门后了，万一那个人要是进来也会看到我的呀！慌乱中我疑惑地问自己："我为什么要躲呢？我又不是小偷！这么晚了又怎么样，这座大楼不是24小时的吗？那应该允许我过来看看书吧！"就这样理直气壮地主动走了出去，原来还是警卫大叔，他应该是过来检查房间的，没等他开口问我就主动和他说："我是来看书的！没想到关门了！"然后快速地离开，回到二楼自己的办公室。

回到办公室，观察了一下周围的环境，别的屋子都是明亮的落地窗，从外面就能看到里边的一切，而我所在的这个办公室却很大，还有一个隔墙，只要我躲在这堵半墙的后边就不会被发现。在门口四处找关灯的开关，里面的灯倒是关掉了，可是门口处的却怎么也找不见，着急中发现有手电筒的亮光。"啊！不会是刚才的警卫又过来查房吧，我这屋子门口的两排灯没找到开关呀！这可怎么办？"我赶紧躲到那半堵墙的后边，发现警卫果然试图开门要进来，估计是帮我把灯关掉，我坐在座位上，想着万一他进来我就说自己加班吧！刚才想10点多要走了，但是发现还有工作没做完。那个人试图开了开门没有打开就走了。我松了一口气，然后开始想今天晚上怎么夜宿在办公室。把两个转椅凳子合在一起我躺在上边感觉不能翻身，一翻身凳子就会滑开。这个新椅子的轱辘实在是太给力了，在这种水泥地板上都能滑得好远好远。这样我该怎么睡呢？想了想我只能睡在桌子上了，把唯一的毛毯拿出来铺一半自己盖一半，今夜就只能这么度过了！还好我儿时在外婆家把东北的炕已经睡习惯了，硬邦邦的床反而更能让身材挺拔不易驼背。我都睡桌子了，眼下只能往好处想了。

望着空荡荡的桌子，很有设计感的水泥天花板，我睡在桌子上，已经想到了如果以后要把这场景画下来是怎样的画面感。周围一片漆黑，有一束光打在我的身上，我睁着眼睛难以入眠，有些害怕地缩在毯子里，尽管这是夏天也不怕热地躲在里边。这中间有两次动静，我都从桌子上惊醒地坐起来，这座大楼虽然是24

小时的，但是一楼大楼是敞开的，就意味着谁都可以进来……想着想着竟然睡着了，没想到提心吊胆地睡着后居然做了一个美梦，早上 5 点又爬了起来！依旧带着换洗的衣服，洗漱用品，手机里放着舒缓的音乐，开始迎接新的一天了！为了不让周围的伙伴知道我夜宿，每天都要穿新的衣服，同时也是对生活的一种热爱，觉得每一天都是新的！突然想起那个宣传册上好像写可以租睡袋的服务，如果不是很贵，我是不是也可以买一个用呢？想着想着看着镜子里虽然有些疲惫的我依然充满着一丝活力不由得欣慰，心态可真好，遇见什么都不觉得苦，夜宿才刚刚开始要更有经验才行啊！哪个职场小伙伴没睡过办公室啊！大家都一样。

睡办公室这样难忘的经历持续了 2 周，后来因为身体生病不允许就恢复了上下班的作息。有阵子特别着急，觉得再看不到成果再没有盈利马上就是死路一条。把自己逼得太狠以至于生活和工作没有起色和创意，创业初期能活下来就是最关键的，保持良好愉悦的心态也很重要，这就是我疯狂难忘连夜奋战睡办公室的记忆。我身边认识一位男孩他刚参加工作的时候，也是每天工作到 11 点然后把凳子一横就在公司睡了，现在和别人分享的时候也是云淡风轻，只有真正经历过的人才懂得那份辛酸。

努力赚钱让自己先活下来

自由创业半年多，随着第一本书《四点钟起床的猎头》顺利出版，我的内心逐渐归于平静。觉得不管是做什么业务能让自己活下来才是最关键。说来也奇怪，当你开始放松下来，许多新奇赚钱的点子也越来越多，每天都会有新的想法出现，原来把时间花在哪里都比着急。

由于自己不再每月有固定的工资，所以从年初开始我就不再像以前那样经常参加一些付费的培训和活动。去超市买东西也是左右对比，尽量挑价钱便宜又必要的东西。化妆品也降低了需求，开始用一个价钱低廉又很清透的品牌。生活艰难不得已又开了几张信用卡为了让自己必要的时候做周转资金。所住的房子也是在郊区的一个村子里，一室一厅的小屋，每月房租 1600 元。也不再买衣服，不出去聚会，因为如果出去聚会回来的晚打车钱会很心疼。这样的日子让我更加珍惜钱的重要性和不容易，以前自己在理财方面不重视，经常是月光，现在重新回到质朴的生活有时候竟觉得心里很踏实。

除了在省钱上下功夫，开支上也是思考了许多围绕自己爱好赚钱的点子：

和猎上网合作做猎头的单子。

整理和梳理自己的品牌网络课程。

和其他培训师合作代卖他们的课程。

卖书：自己的书和其他人的书。

用声音分享自己的文章放在一些平台上，或许可以设置成付费订阅。

设计一款自己的效率本，找工厂制作对外售卖。

采购一些文具，放在自己的自媒体平台售卖。

微信公众号可以进入广告合作。

买缝纫机采购布料制作包包然后售卖。

自己设计原创衣服找工厂做点然后对外售卖。

和其他平台合作付费阅读自己的原创文章。

学会吉他去咖啡厅或者酒吧打工做唱歌兼职。

将自己的北漂经历画成漫画出一本绘本。

开始分享美食，如果完成100道美食可以办个美食沙龙小班，收点费用。

去义乌采购一些珠子和首饰原件，自己设计制作成品对外售卖。

干脆找个兼职先做着，然后一面发展自己的爱好。

可以帮自己设计漫画博客头图也可以帮别人设计漫画博客头图。

和嫂子合作帮忙卖她的原创包包然后收点代卖费。

开淘宝店，卖一些好用的文具和自己设计的衣服。

在微信公众号开发一个线上学习的平台，放自己和别人的课程。

进一些企业做培训。

这些所有赚钱的点子都是之前生活和爱好的积累，有趣的是这些头脑风暴的点子竟然实现了很多。虽然有些点子并不成熟，我需要投入精力，但是这些本身都是爱好，不能强迫自己所有的爱好都能变现，用其中几个爱好变现的钱来勉强支撑自己的生活，让每一天都变成了过自己喜欢的生活，玩自己喜欢的爱好，这种生活我已经非常满足了。

如果你和我一样是单枪匹马打拼天下，背后也没谁可以依靠，又想过自己想过的生活，那你可以和我一样小步快跑，每步认真地留下脚印。或许你现在做着自己不喜欢的工作，但是别忘了当下工作你虽然不喜欢却能为你的生存带来保障，我们完全可以用下班后、周末甚至每日的清晨时间靠自己的双手一点一点接近自己想要的生活。每种活法都是一种经历，每种经历都教会我们很多人生哲理。

在我离开公司自己出来闯荡，许多之前未曾出现的想法开始不断涌现。

我发现许多爱好相互之间有着许多连接，这是之前未曾有的，以前上班的时候虽然觉得业务难做，但是现在想想还是比较简单的，只要朝着公司指定的业绩目标前进就行了，而现在没有了公司指定的目标也没有了固定的工资，所有的一切都需要自己亲手开创。既充满了冒险也充满了许多可能性和弹性。我要让自己活下去，我必须走出去。既要努力也不能让自己心浮气躁而乱了阵脚。既要吃喝住能解决也要有智慧安放平衡所有的理想。我需要在这个现实的洪流社会好好保护自己的理想，一步一步搭建自己理想的小生活。

这个为钱奔波的日子里有些折腾开始让我慢慢有了收入，虽然没有大富但是基本生活可以维持下来。第一本书我放在自己的微店上卖得不错。和其他几位朋友合作开的课程也开始逐渐被朋友们知道和认可，甚至有公司会邀请我去内部做培训分享。和出版社合作帮忙卖一些书也渐渐开始有了销量。为知笔记付费阅读端口订阅的人也不少。随着第二本书的顺利出版，我的生活应该也会越来越好吧！当然前提是销量不错的情况下。

静下心来时，我开始思索着我之前找到的爱好和来北京后遇到的一切。

猎头的工作我投入了三年，已经可以自己独立做单帮人做职业方面的转换。除了帮别人找到合适的工作它还是我天然的写作素材库，我接近了许多职场上优质的白领，我可以用文字记录这些我所经历的故事，也可以用漫画将所遇到的故事画成连载漫画。

写作方面除了出书我可以漫画和猎头结合，虽然在猎头里我不是最优秀的，在写作里我不是文笔最好的，在画画领域我也不是最拿手的，但是当这完全看似不相关的三者结合起来就是我独特的突破口和特色。

画画方面除了可以将过去北漂的经历画成绘本漫画出版，我还可以捡起童年时期给娃娃做衣服的爱好，设计一些原创的衣服。还可以用文字记录下衣服背后的故事。

我在烹饪方面的爱好在生活中照顾好自己的同时也可以将爱好发挥到淋淋尽致。将自己烹饪方面的故事和经验用漫画画出来，配上相应的文字，也可以集结成册。

而我在捡起一个个爱好的同时也在一点点完成着我的梦想清单，我将这一经历用文字认真地记录下来后也在鼓励着一些身边的朋友，看到他们的改变我也非常开心。

“真正地爱自己，不是去牺牲掉所有的时间和精力，去打拼什么辉煌的未来，而是在当下，努力去做自己喜欢做的和有趣的事情，让自己的内心充盈着喜悦，让现在的每一天，都以自己喜爱的方式度过。”——摩西奶奶《人生只有一次，去做自己喜欢的事》

有的时候比起成功和辉煌的成就，过程比终点更让人回味无穷。那些奋不顾身、勇往直前为梦想努力的日子，虽苦但也甜，虽败也犹荣着。

这就是创业后我的一些鸡毛蒜皮的事情，谈不上成功，也不是什么成功经验。希望给你带来一些启发，确实有很多人实现理想很容易，但对于大多数平凡的普通人，在通往理想生活这条路上并不是顺风顺水的，但即便如此这种经历也是自己人生独一无二的美好回忆。创业初期让自己先活下来比什么都重要，说不定你原定规划的理想版图因为途中意外走的分岔路口而收获了意外的风景，也有可能你会厚积而薄发，在某一个点上爆发了前所有未有的能量。总之慢慢来，要相信一切都会慢慢变好的！

心态决定一切　要学会管理好自己的情绪

“你的态度会影响你在追求成功和幸福道路上所做的每件事。”

保持好的心态这个观念是一句比较老的鸡汤，但是这确实是无数前任老人用血泪滚出来的经验。以前我从没有因为心态情绪而烦恼过，我是自己和周围人的小太阳，自带能量自带发电。有几个朋友总爱在情绪不高的时候给我打电话，光是听我说话仿佛就能恢复好状态一样，让我帮忙打鸡血。可是哪有永不落山的太阳呢？每个人都有状态不好的时候、心烦意乱的时候、垂头丧气的时候。当负面情绪来临的时候，不要太过于自责，想开点，要相信自己是可以帮助自己渡过难关，没有什么是值得担心的和需要担心的。

刚开始创业那会，每当夜深人静，加上屋子里又特别冷，我总是会控制不住自己胡思乱想。每日也在挣扎中前行，有时候情绪过高有时候情绪过低，这样反反复复、跌跌撞撞也终于慢慢熬了过来。

吸引力法则说的是：如果你选择思考好的想法，感受积极的情绪，那么你的振动速度会比较快，并会将好事吸引到你的生活中来。如果你选择思考消极的想法，感受消极的情绪，那么你身体的振动速度会比较慢，因此会把消极的事情吸引到你的生活中。就是这么简单。

我一直都还挺相信吸引力法则的，相信积极的想法会吸引积极的事物，消极的想法会吸引消极的事物。所有身边遇到的任何负面事物也都会选择默默远离。那个时候为了让自己慢下来，我不是粗暴地将自己推到目标里，而是选择让自己学会放松。也列出了几项能量充电清单：

整理房间

看《樱桃小丸子》动画片

跳舞

运动

看喜剧，每天让自己哈哈大笑

这样做一面暗示自己要保持愉悦的心情，一面也让身体放松，身体愉悦是可以影响心情的。

希腊哲学家埃皮克特托斯曾说过："使人困惑的不是事件本身，而是看待事情的方式。"

再看《幸福就在转瞬间》CBT 情绪控制术那本书的时候，了解到不健康的信念几乎是所有情绪问题的核心，只要分为三类，其中每一个信念都是苛求：

1. 我必须表现得出类拔萃，必须赢得他人的赞赏，否则就糟糕透了。我不能忍受这样的结果，我不能觉得自己不够好，或者总是什么都做不好。这些会引发不同类型的消极情绪，如焦虑、抑郁、嫉妒、痛苦、妒忌、愧疚、羞辱、尴尬和气愤。

2. 别人必须对我好，必须在意我的感受，围着我转，否则他们就太坏、太讨厌了，让人难以忍受。这些会产生多种消极情绪，如气愤、暴怒、嫉妒、焦虑、抑郁和痛苦。

3. 生活必须很轻松，不能有麻烦和不便，否则就埋怨自己没过过一天好日子。这些会造成一些消极情绪，如焦虑、气愤、抑郁，以及多种消极行为，如逃避、拖延、瘾嗜、退缩等。

书中说所有人的问题都源于这三种不健康信念。

其实根本就没有 100%的坏事，事情也永远都没有我们想象的糟糕。

就像这本书中说的那样："有时候，你进步神速，但有时候你可能会裹足不前，甚至退步。重要的是，认清现实，将注意力转移到你可以做什么上来，然后坚持下去。”

我陷入焦虑的原因就是给自己灌输了必须很多，因为这些必须让我不能忍受自己裹足不前甚至退步。而后来我开始领悟：当你学会放过自己的时候，可能会意外地前进得更快。

另外影响一个人的态度和能量还有其他一些原因，如运动、食物及睡眠。还有一些方法是我在另一本书上看到的，而我也在自己身上尝试：

试着做白日梦，梦想你的未来会发生奇妙的事情。把自己放在这种靠想象助燃的心境中会激励你、振奋你。

避免接触太多令人沮丧的信息，避开那些令人意志消沉的音乐、书籍以及电影。尽可能地消费让你感觉良好的娱乐。

我通常在早晨起床痛苦的时候，冥想自己每一次起床都是朝着让自己变得更好的路上迈进一步，会在脑海里想象自己蜕变成心目中的样子，然后就会怀着激动的心情痛快地从床上起来。

我们不能阻挡坏运气找到我们，但是我们可以加固自己的防护墙，把一些小烦恼阻挡过去。顺心和不顺心不是针对一个人的，你以为别人的生活很容易，其实谁又能活得总是顺风顺水？

命运要你成长的时候，总会安排一些让你不顺心的人或事来刺激你。成长本来就是一次孤独的旅程，有时候生活总是会时不时地安排一些不顺心的插曲，如果挺过去了就会变成一个有故事的人。学会管理自己的情绪、控制好自己的态度，而不是由当下糟糕的经历和环境决定你，慢慢地就会拥有日益强大的内心和力量，坏事对你的影响也会越来越小。

如果你知道你因为什么烦恼这是陷入情绪，如果你不知道自己为什么烦恼这可能是患上抑郁症了，如果真是这样，自己控制不住情绪，要积极去医院找专业的医生接受治疗，这没什么可丢人的。一切都会过去的！

回首自己一年的创业经历

2016 年我从朝九晚五的上班族变成了自由创业者。从每周有两天假期变成了全年无休，其实原来也是没有周末，不过那时每当放假别人在休息我在忙碌时，会觉得自己在偷偷用功，现在全年无休变成了正常的生活。

自从辞职那天起就没有认为自己是在创业，以为还和以前每天上班没什么两样，可是我小瞧了自己谋生的困难。当很多现实问题、心态问题一一接踵而至时，一度有些招架不住。还好时间能治愈一切，许多当时要死要活的事情过后都变成了云淡风轻的回忆。

2016 年 28 岁 ：

读书：16 本

写作：65 篇/108037 字符

电影电视剧：36 部

开始画画

开了微店

做了自由职业

出版了人生第一本书：《四点钟起床的猎头》

将长发剪短第一次染了头发

开始拾起广播，自己的文章自己读。

开始做原创首饰

终于买了一台缝纫机

开始认真研究和记录美食

注册了一个公司

梦想目标累计实现：55 个

2016 这一年我 28 岁

这一年的总结没有之前几年有特别漂亮的数字结果，更多的改变和沉淀是在心态上。没想到越是临近 30 岁心态越是平静，没有害怕、没有担心、也没有慌张，而是全部地接受生命当下的一切！

这一年最大的成就应该就是幸运地出版了一本书，完成了我出一本书的心愿，也像是一个努力中的节点性事件。出书的经历让我懂得了每本书作者背后的不容易，以后在看书的时候也会更认真地去拜读和总结。

2016 年年初的时候，我在不停地调整状态，因为无论是身体还是心态都陷入了一个魔性的循环，身体开始出状况，心态也经常起伏跌宕，有时候给自己打鸡血太满会失眠，有时候也会焦虑不安、辗转反侧。我身边的几个朋友也有几个今年刚开始创业，也和我的情况差不多，大家都是从焦虑归于平静。

如果这一年都在做猎头的业务，那生活多半也没有什么问题，可偏偏中途又阴差阳错地忙出书和别的事情，生活一下子就进入窘境，遇到了很多状况，甚至搬了四次家，这一路颠沛流离的生活可能之前也适应了所以倒没有特别的难过。直到最后房子搬到了一个村子里的一室一厅每月 1600 元且月付的小屋，日子总算是安定了下来，在这样一间小房子里工作和生活也算是没有什么太大的压力了。

2016 年做了一件开创性事情：画画。这些不是最初计划来的，但是即使有变化计划也要照常做，可能也是习惯，手里有一个计划总会心安很多。我都不知道自己可以画得这么好，看来一个人有很多未知的领域和潜能等待被发现，即使是自己也未必那么了解自己！

2016 年为了维持生活我想了很多开源的办法，这是之前上班时不曾想到的事情，以前上班只知道好好做猎头业务，然后等着每个月发工资。现在几乎每时每刻如果有新的开源方法出现都会去认真对待，创业真的是一件让人脑洞大开的事情啊！

创业是种什么样的感受？

是攀登悬崖的刺激。

——方励，劳雷工业、劳雷影业总裁，著名制片人

像玩游戏，打完一个怪后，马上会出一个更大的怪。

——季昕华，UCloud 创始人

一个人穿越到一个陌生的丛林中，要在丛林中找出一条路的感觉。

——安猪，爱聚公益创新机构创始人

五味杂全，各种滋味。

——王旭升，下厨房 CEO

人生的一次艰难的历练。从以前碰到问题找老板到碰到问题经常即使撞墙也要前行；从以前仅仅上班时间思考自身到下班时间也要考虑公司，伙伴和员工的明天，整个思维角度有很大转变。

——何小鹏，UC 优视联合创始人

努力呈现我们内心驱动想要完成的东西。

——Zafka（张安定），青年志创始人

也有人的人说创业就像唐僧取经一样会遇到九九八十一难，一难一难你要去体验，别人告诉你也没用，是苦是甜你必须得亲自去体验。要学会把问题一个个解决，在这个过程中你一定会遇到成千上万的问题，每解决一个问题，离你的梦想就会越接近。坚持下去，当你坚持到不知道为什么坚持的时候，很快就会柳暗花明。

虽然这些企业家们、社会精英们的创业目标离我较远，他们是为了一个大目标而起程，而我是为了让时间自由过自己想过的小生活，但是在路上的那种心情是一样的。或迷茫或彷徨，或焦虑或淡定，或激动或平静，五味杂陈，只有经历过的人才会懂得。在路上我去找所有自己喜欢做的事情，然后慢慢地捋出一条自己适合自己的自由职业之路。

《幸福资本论》作者山口杨平对于创业和金钱有着独特的看法：

“评价一个创业者成功与否，重要的是看他能创造出什么价值，具有怎样的思想，而不是看他积累了多少资产。”

“金钱，其实只是我们改造世界时用到的一个工具而已。”

每个人都有独特的天赋，每个人都有自己的使命，把使命变成价值，再把价值换取金钱这种获取财富的过程该是许多人追求的。随着时代的发展，许多人创业已经不单单是为了追求社会地位和财富，有许多人看中的是要做的这个事儿。有时候让自己发挥所有潜能和天赋，自我价值淋漓尽致地实现，比获得许多财富更有成就感。

开工没有回头路，当你决定要做一件事情的时候，往往只能背水一战，好多困难和艰难险阻在前方等着我们去遇见。即使是平常日子也不总是那么一帆风顺，总会有些波澜。回首这一年创业的经历，除了要感谢我的母亲、闺蜜和朋友们的支持，还要感谢自己和生活。不管有没有取得什么成就，一个人背水一战的日子需要极大的勇气，无论如何都要为自己鼓掌。

山口杨平的父亲曾在他返京的时候对他说过一句话，而我也时常拿这句话来提醒自己：“要好好地活着。有没有目标，能不能做成大事业都无所谓，别把自己逼得那么紧，遇事别钻牛角尖。”

致想成为自由职业的你：

第五章 我创业了

1. 刚开始创业时，要准备要一笔资金，在职时有单位的照应，社保连续上缴，贷款比单枪匹马容易。

2. 暂时不用讲究居住环境，可以在家办公，状态可以自己调整。

3. 自由职业指的是独自运营一个公司的人，即使你没有公司也要把自己当成一家公司去运营。借鉴公司管理组织的办法管理自身，由于自由职业需要一个人负责所有工作，所以个人管理非常重要。

4. 自我管理的能力在成为自由职业之前就要有所注重和培养。

5. 要注意心态的调节，离开团体单枪匹马作战很容易陷入焦虑，这都是很正常的事情。

6. 先让自己活下来比较重要，方向调整问题可以一边开拓一边思考。

7. 不要把鸡蛋放在一个篮子里，要多开发几个赚钱的窗口和爱好。

8. 照顾好自己的身体，好好吃饭。

9. 把眼光放长，不要让自己禁锢在一次两次的失败里，失败都是不用付费的课程。

10. 做自由职业可能比上班更辛苦，要有强大的内心，坦然接受一切。

旭答关于创业和自由职业的10个问题

1. 什么是创业？你对创业怎么理解？

旭答：有人说创业是一种修行，除了要有正确的方向和不断自省的精神，更要有坚定的信念，才能让我们不断接近心中的目标。我认为创业和生活一样，都是一种创造和经验，无论成功还是失败，这种经历都会成就我们本身，让我们的思维灵魂去到更高的层面看自己。

2. 什么是自由职业？

旭答：自由职业是指独自运营一个公司的人。不管你有没有注册的公司，都可以借鉴公司的制度去管理自己，也要意识到很多工作都得指望自己了，要学会承担。

3. 怎样避免失败？

旭答：斯坦福大学的商学院和工学院里没有“失败”这个词，而是用“试错”来代替。而在硅谷，如果你失败过你获得重新支持的可能性会大过于一个从来没有失败过的人。他们相信人会从失败中学到东西。失败是正常的，没有失败哪有成功呢？多看看别人的失败比看别人的成功要收获的多。可以看看《创业小败局》这本书，讲的是许多创业人从失败收获的经验，都是宝贵的人生财富。

4. 什么才是创业人该有的心态？

旭答：不怕失败，不急于求成，不盲目乐观也不悲观，遇事不慌，信念坚定，脚踏实地，小步快跑，来日方长。

5. 我也想做自由职业，但是我没有方向怎么办？

旭答：多培养几个爱好，多发展自己，多看看周围的环境，等待时机。自由职业只是你自我实现的一个工具。

6. 创业时怎样选对合伙人？

旭答：价值观靠近且优势互补，创业和过日子有些相似，要有共同的目标和情怀，不然很容易分裂，选对人太重要了。千万不要为了一点暂时能周转的资金就让自己陷入痛苦中，你们要经常见面的，方向不同怎么一起远航?!

7. 如何构建自己的战略版图？

旭答：有的人在创业前就已经想好整个版图，根据周围的变化做随时的调整。而有的人可能没想到自己日后会有多么大的成就，只是做着做着扩大了版图。这两种都有成功的，也都有失败的。据统计，中国能活过三年的企业不超过10%，死亡率逼近90%，大部分企业都面临着死亡倒闭。只要你能想开点就好了。这是自我救赎的路。成败不仅仅有外界世俗唯一的定义，无论结果如何都是一种成功。

8. 创业时，如何摆脱焦虑？

旭答：你要相信自己的身体的主人，焦虑只是当下自己的一种选择。转移注意力，把自己放在解决问题的忙碌中，心态上放过自己。如果你焦虑得不知道原因，可能要去医院看看医生了，这也没什么好丢人的，和其他的疾病一样，看病吃药调养康复。

9. 自由职业对一个人有什么要求吗？

旭答：成为自由职业比上班族的要求要高，上班只要完成公司的任务不出什么大错都能稳定度过，而当自己一个人工作的时候，有许多问题需要自己一个人去面对和解决。你的解决问题能力，心态管理，自我管理都考验着你在这条路上能走多久走多远。所以有志日后成为自由职业者的人，有些能力要提前做好准备。

10. 成为自由职业和自我创业是刚毕业还是工作几年合适呢？

旭答：时机对了最合适。当你一切准备妥当，连上班都开始三心二意时，就只能硬着头皮上路了。因为即使上着班，心也不在那里，自己根本控制不住，还不如去放手一搏。

第六章　把自己当成品牌去经营

自媒体时代 学会做品牌管理

在自媒体营销和品牌管理这块，我没有上过这方面专业的课程，也没有读过许多关于营销类的书籍。我大部分时间都扑在工作和读书写作上，甚至都没有规划过要何时出书，所以接下来的分享是我个人在品牌管理方面的经验，你可以像观察身边朋友那样看看我的经验，说不定也会有些许的启发。

最近两年，“网红”这个词很是火爆，许多和明星差不多长相的女孩开始粉丝暴涨，而她们赚的钱有些也不输于那些一二线的女星。在 2016 年逻辑思维跨年会上，我和其他小伙伴一起观看了罗振宇的直播，也从他的分享中意识到这个自媒体时代，我们人人都经营着自己的品牌，人人都是自媒体。因为出版了一本书，我开始重视对外的形象照片，放了一些照片在朋友圈，有些朋友给我留言："哇！我朋友圈里居然有个网红！"之后许多朋友也这么说，一开始我真的很讨厌这个词，我从来都是混内涵踏实工作的职场人，啥时候靠过颜值？当你排斥一件事情的时候背后一定有一个原因，像我认知里认为网红有些我不认可的东西，其实呢？网红不过是个词和称呼而已，很多事情不必那么较真，一些标签是用来简单划分几类人的方法而已。不过随着互联网的盛行，自媒体时代来临，在这个没有秘密，很少怀才不遇的时代，我们如何借东风实现自己的梦想蓝图，为自己争取更多的资源，让自己的选择更多的确是个值得思考的问题。

有品牌管理的意识

这是最好的时代，这也是最严酷的时代，这是希望之春，这也是失望之冬。

你每一次对外说的每句话，对身边朋友说的每句话，你的言谈举止，你的穿衣打扮，你的照片……所有这一切都具有蝴蝶效应，也让别人透过这些窗口加深了对你的认知。记得有一次我参加了一个线下的活动，讲师让一排女生说出自己的穿着想表达自己是什么性格，有的女生说清新，有的说活泼，有的说安静，然后现场发出了阵阵笑声，因为没有一个人的外在表达和内在自己是一致的。所以，请你说代表你自己的话，请你穿展现你内在的衣服，不要让相同频率的人与你擦肩而过，不要让别人误会你，所有的一切都代表了你自己。很多人在很多场合下都不知道自己在说什么，随意的结果只能是让别人觉得你很随意。从现在起，和我一起，对自己重视起来，再小的个体也有自己的品牌，如果你自己不珍惜那没人会珍惜了。我们虽然不是明星，需要有助理有公关，但就算是再渺小的人，也要爱惜自己的根根羽毛。我们要有意识做好自己的助理和公关，细心料理着自己的一切。

重视博客

开始持续写作后，我看了许多人的博客，发现有的博客有音乐背景，于是我也去自己的博客琢磨，那时还在用新浪博客，那时我想搭配的几首音乐新浪音乐都没有，经过自己一番折腾终于放弃了，选了几首还算满意的音乐放上去了。我发现有些名人博客头图放的都是自己设计过的照片，于是我也去将自己的照片拼接好，费了很大力气弄到满意的状态，随着我持续的更新，博客的访问量当时也在6万左右。但是我这个人有处女座情结，在细节上会有要求，我将文章做了非常详细的分类，想把各种文章放到相应的分类中，但是新浪博客在分类上有限制，于是加上之前的音乐事件我将博客搬家到了网易博客上。女生就是这样的一个动物，穿衣爱美，博客也要美。换到网易博客后，背景音乐也添加了自己喜欢的，背景页面换成了纯白，博客头图去找设计人员设计了一个彰显我个性的图片，头图和背景都是白色的，协调也很自然。虽然在头图上我折磨了好几个设计美工，想要表达的也并非让我完全满意，但是比用那些和别人一样的模板好多了。博客就是要有自己的特色，彰显自己的个性。而里边的文字更是让人见字如见人，你给了许多未曾谋面的人认识你的机会，用心更新下去，在获得粉丝和访问量的同时，也会有一些潜在的机会找上门。当你持续更新下去，写博客记录自己的生活就会变成一种习惯，丝毫不会觉得辛苦。

重视微博

微博真是好东西，它让一些写长文困难的人可以从短文开始练习，而上边更新的时间更像是里程碑一样记录了当下发生的一切。

很多名人、网红、讲师都很重视微博的经营。发的内容也都是一些过脑的信息，微博上有多少粉丝好像成了一个人红不红的标准之一。有的微博是工作号，确定了一个主题发的都是与之相关的内容，比如读书只发读书相关的内容，宠物只发宠物相关的信息，就像自己的公关团队一样，不停地做着宣传，连私信的语言都要求很专业，坚持下去在商业运作上会很成功。而大多数人可能和我一样，我们是普通人，也没那么多粉丝，其实没必要苛求自己发布的内容了。但这是一个自媒体时代，我们虽然不像名人那样需要将图片修图之类的，多少也要注意点，万一你哪天不小心红了，曾经的一切都是别人追溯你过去的证据。少发一些负能量、带情绪、不知道自己在说什么的微博，多发一些对别人有用对自己有用的微博，就算再浅显的人生哲理那也是你总结出来的智慧，没有曾经的浅显哪有日后的深度，微博就是见证你一路蜕变、升华的平台。

重视朋友圈

我曾听说过一个故事，一位候选人拿到了一个非常不错的offer，连他自己也认为这件事板上钉钉准备去上班时，却被告知工作吹了。为什么呢？因为他的领导加了他的微信翻看了他的朋友圈，发现他发了很多负面情绪的信息，他自我的一面让公司质疑能否带领好一个团队。看到了没？一个朋友圈坏了多大的事，如果你还以为你的朋友圈只有你的朋友们看到就错了，现在朋友圈和微博几乎都差不多了，你所有发布的信息都是你个人品牌的一部分。光是看一个人的朋友圈大概就能推测出这个人关注什么，性格怎样，这些隐性的东西常常是在我们猎头工作中会去观察的东西，如果看到一个人的朋友圈晒女朋友，我们可能会考虑这份工作他女朋友是否会同意？如果从朋友圈发现他的性格可能会考虑和推荐公司的企业文化是否相符，如果不匹配就不会推荐他到客户那边。如果你的微信号是工作号，发一些工作方面的干货也会对别人有帮助；如果你转发了别人的文章，上边加上自己的独特评价也会让别人对你有好印象。小小的朋友圈潜藏了许多东西，最好做朋友圈里的清泉，发之前好好想想自己究竟想表达什么，对别人有什么帮助？

重视微信公众号

刚开通微信公众号是 2014 年，赶上了公众号的风口，不过那时我的出发点也不是将公众号做得粉丝暴涨，我只是想找个窗口和平台督促自己坚持写作，就这样在朋友们的一路陪伴下，我将写作变成了习惯。偶尔有活动让我发个人资料的时候我会顺便将公众号发过去，我发现公众号和名片差不多，能让人在短时间内了解你的全部。记得有次上腾讯大燕网的新闻，摄影师要到我家进行拍摄采访，我发了公众号给他，看后他迅速地定位了我们要拍摄的几组风格，然后根据我的公众号内容提前将采访的问题清单列好，这样一路的拍摄采访都很顺利。

也是最近的事情，我的同名品牌课程需要找个在线课程平台上线，接连找了几个平台后都不是很满意，如果和他们合作就要将课程进行改动，这样可能就会违背我的初衷意愿。于是几经周折后我决定自己在微信公众号上开发一个在线学习商城页面，除了上线自己的课程，也会引进猎头行业其他老师的课程视频，还可以设置会员价，这样圈内小朋友就可以用很少的价钱学习到平台上所有的视频课程，为了自己的个性发展也整合了身边的资源，可谓达成了多方面心愿，这就是微信公众号带给我的便利。你的每一次用心都会给未来的自己铺一块砖。

重视微信公众号，它是你最好最全面的名片。

不停植入你的思想

提到过年送礼我们会想到脑白金，提到去屑我们会想到海飞丝，提到怕上火我们会想到王老吉……这样的例子有很多，虽然我们都知道过年送礼不一定要选脑白金，海飞丝去屑效果不一定彻底，喝王老吉也不一定会完全去火，但是很多人在年底回家去商场买东西可能真的去打听脑白金，吃火锅的时候总是会想到王老吉。这就是植入带来的蝴蝶效应，也就是营销中的核心吧。史玉柱的脑白金广告成功的背后凝结着许多智慧，我曾看过他的采访，明星播广告人们大多会关注看明星，忘记播的内容，所以脑白金这么多年广告中一直是卡通人物，他们在二线的小电视台投入了很多钱，循环地播一直播不停地播，播了这么多年，虽然人们对广告有些反感，但是想想能坚持这么多年的企业应该效益也不错，逐渐认可了品牌。在我所在的猎头行业，每个猎头也都在不停地植入一些信息给候选人："我有职位，我一直都有职位！我一直在做猎头！"而给客户也一直在植入一些信息："我有人！有很多优质的候选人可推荐！我一直在做猎头！"透过这些营销的背后，作为一个有自己品牌的人你有什么启发呢？你想给别人的脑袋里植入什么印象和关键字呢？在一些活动的自我介绍上你想让大家记住什么呢？无论你做什么工作，都要有卖自己营销自己的意识，让别人认可你，相信你，有好事能立马想起你，这背后需要你的足够用心。

分享让你的影响力越来越强大

我所在的猎头圈子里有一个前辈，他敢于顺应互联网潮流，为猎头行业搭建起了一个类似于淘宝一样的平台。记得刚开始的时候他总会将自己工作经验总结分享出来，我当时虽然不认可这样的平台模式，在传统猎头公司做着传统猎头，但是由于我爱学习，所以经常去听他的分享，看他写的文字。就这样一年过去了两年过去了，他一直坚持分享，许多人跟随他的分享逐渐认可了他异于传统猎头的平台模式，虽然现在还不足以让整个行业的人都用他们搭建的平台，但是已经在行业里站稳了脚跟，我相信这和他当初坚持不懈的分享有关。后来他所在公司接二连三地融资，也逐渐打开了市场。越是分享越是让别人对你的信任增加，而信任本身就是品牌，人们因为信任你所以会信任你推荐的东西，而新时代，金钱即是价值创造的结果，也是量化的信用，我们要注意管理自身的信用度，而不是单纯金钱的数额，信用才是未来衡量财富的标准。

敢于做自己　不随波逐流

受填鸭应试教育影响多年的我们，早就越来越相像，我们变成了曾经自己讨厌的大人。为什么人们愿意看韩剧呢？除了男女主角漂亮之外还有一个原因是所有韩剧共通的，那就是男女主角都很真实，他们扮演的人物是真实的，敢于做自己，敢于得罪别人，敢于特立独行。放到现实中，很多领域活跃的人他们都很鲜活，敢于和别人不一样，不随波逐流，使得他们从一堆一样的人中脱颖而出。如果你也能不随波逐流，多倾听内心的声音，有自己的特色，很多时候也成功一半了。这个世界不缺一模一样的工厂流水线产品，缺的是有自己特色的艺术品。

争取推广机会　勇敢站出来

哪怕是一次小型的分享活动，你勇于站出来做自我介绍或是分享，都可能会有意外的发现。说不定下边就坐着能助你实现梦想的人，说不定你要寻找梦寐以求的公司企业 HR 就坐在下边。勇敢地站出来，多给自己一次机会就多推开了一扇幸运的大门。

坚持下去　做好随时被发现的准备

在坚持写作的这几年里我是这样对自己说的："我能接受写作很久手里有作品但是没有出版社看上我的作品我得不到认可，但是我不能接受有一天当有出版社敲开我的门给我出版的机会，我手里却没有作品。"我喜欢准备好，这样才踏实。前段时间看《金星秀》黄轩在回忆自己过去的演员生涯，有很多部电影没有上映或被导演剪掉，而他在那段时间里并没有气馁，而是看了很多书和电影，经常一个人在家看完电影后感动得痛哭流涕，所以后来才会有荧幕上他演绎的一个个经典的人物形象。

无论是什么，如果你能坚持下去，就开始吧！长期的坚持起码是个希望。

旭答关于品牌管理的10个问题

1. 如何克服公众演讲的心理障碍呢？

旭答：曾几何时，我连举手也不敢，在公众场合说话甚至会紧张到哽咽，但是随着我踏实的努力，在自己的工作领域和写作领域有一些沉淀之后，演讲变成了一点都不怕的事情，自然到像是和朋友说话聊天。为什么会有这样的反差呢？其实仔细想想，若你特别努力，肚子里有很多内容，你会害怕上台演讲或者表达自己的观点吗？工作上做得好的人会害怕分享自己的经验吗？你不自信是因为你不够努力，好好踏实下来沉淀自己，一切都会慢慢克服的。

2. 个人品牌有哪些元素呢？

旭答：你是谁？你都做什么？你的独特价值？

3. 怎样形成自己独特的品牌风格呢？如何在人群中脱颖而出呢？

旭答：“每当你压抑自己个性中的某个部分，或者让别人瞧不起你，那么你根本就是辜负了造物主对你的恩赐，并摧毁了自我的完善。”——奥普拉·温弗瑞

当你自己变得鲜活，变得有趣，有独立的人格，那么你的个人品牌不过是个性的表达工具，如何脱颖而出也变成了顺其自然的事情，因为这就是你，你的品牌也是你。

4. 普通上班族需要做品牌管理吗？

旭答：无论谁都需要，在你没有认真之前，个人品牌已经形

成，认真之后只不过是好上加好。

多对自己用心一些，机会也就多一些。

5. 为什么要做品牌管理呢？

旭答：为了让生活变得越来越好；为了给自己多争取一些机会；为了让新朋友更完整更快速地认识你；为了让别人知道你是谁；为了你展现你的独特性；为了沉淀自己；为了完善自我……

6. 怎样才能增长粉丝？怎样引流呢？

旭答：安安静静地准备好内容，用心分享想分享的一切，粉丝会自己找上门的。

若你能满足很多人的需求，违背了部分自己的个性，也可以涨很多粉丝，看你选择。

7. 你都选择什么样的媒体平台放文章呢？

旭答：选择平台这块我比较单一，所有文章都在网易博客存储，一些对别人有用的文章会放在公众号，博客更偏个人。

现在可选择的平台很多，许多刚写作的人首先关注的是选择哪些火的平台，如何写出朋友圈爆文，如何引流如何快速涨粉丝，抱歉，这个层面我可能帮不上你，因为我从来就没考虑过写什么类型文章会受别人欢迎，更多时候考虑的是自己想写点什么。自己的公众号也没有做任何推广，也没有迎合市场写一些爆文，即使只在博客和微信公众号这么封闭的媒体平台下也顺利出版了书籍。所以有时候坚持做自己，踏实下来也没什么坏处。

8. 感觉如果过多展示自己的生活会暴露自己的隐私，会成为透明人？

旭答：如果你的心是安静的，无论写什么和别人分享什么都是安静的。你暴露的一点隐私，写的真诚文章或许能点燃一条生命，帮助很多人渡过难关，如果尝到了这些甜蜜的回应，或许会想分享更多自己的隐私。这个尺度看你自己怎样把控。

9. 我的性格比较内敛，不是张扬的那种，我觉得敞开心扉对自己很难？

旭答：尽管你再内敛，也是要和外界接触的，你可以试着慢慢表达自己，不要给自己太大的压力。如果写作分享的内容也可以暂时不对外发布，自己存档留着，内心有个开关打开倾吐一些出来，整个人新陈代谢才会快，能量也得以运转起来。

10. 怎样得到一些演讲和推广自己的机会呢？

旭答：留意观察身边处处都是机会。你之前每一次的分享自己要学会做文字的记录总结，当下个活动需要演讲嘉宾的时候，之前的所有积累都是你的简历，都是在告诉别人你不是新手，你有经验，并且有很多平台邀请过你。这样日积月累，争取机会就会越来越容易了。

第七章　他们都在做自己喜欢的事情

有人在实现着你的梦想　去你想去的地方

晚上临近睡觉 Amy 姐在微信上给我发来微信聊天截图，我猜多半是她又默默地在背后夸我了。她是在行上评分很高的职业规划师，有着多年人力资源和猎头的从业经验，近一年邀请她做职业规划的人也是排了一拨又一拨。无论是哪拨同学只要一有机会她就会夸奖我，让大家知道我、关注我、给我介绍朋友认识。

想起前两年我们一起利用周末的时间给别人做职业咨询的项目，那段时光虽然辛苦但是能帮到一些人。让他们对自己的认知更清晰一些，因而觉得我们在做的事情很有意义。记得那时候我们常常忙到半夜 11 点，然后几个人匆匆忙忙地去赶最后一趟地铁，然后新的一周又要投入到紧张的工作中。我作为大家伙的小助理，也是为了能和前辈们多学习，也毫无抱怨地做了很多事情，那个时候只要提起能学习什么苦都能吃。

一晃眼三年过去了，Amy 结婚生子，生活逐渐归于稳定，而我也越来越忙，但是遇到什么职业上的困惑还是会习惯性地找她商量，她无论对谁都是很热心，总是从很多角度帮你分析和解惑。昨天又看到了她在和一位女孩的对话：

“我有个朋友，以前也不会画画，最近突然出了本书，插画都是自己画的，非常敢想敢做，值得学习！一个警校毕业的大专生，工作经验才三五年，一年实现大大小小数十个梦想，她敢于从荒凉中开天辟地，创造出可能性，你天资那么好，害怕什么呢？”

“那天您分享的一个朋友 3 年实现了几十个梦想，感触良多，是她吗？”

“对，就是说她呢！”

“她是一个普通人，文字质朴无华，但是看了真的很感动。”

“其实我自己也有很多想做的，但是都在犹豫，有的时候看朋友圈，看微博，突然发现有人在实现着我的梦想，去我想去的地方，那种时候经常埋怨自己。”

看了这段对话我也深有感触，因为曾几何时，我自己想做的事情连想都不敢想，有时候碰见其他人实现了愿望也跟着激动，像是自己也可以实现的样子，但是因为之前的人生也没有为了什么而努力过，想要行动起来又会给自己限制一堆心理上的阻碍。

“如果你否认自己具有形成新想法和新的存在方式的能力，那么你的人生就是被囚禁的人生。”——《活出生命的意义》

其实我们走到今天的自己，是由过去无数个遇到的事情组成的，在成长的过程中，可能会遇到一些事件，它们导致我们忽视了自己的天赋，虽然有些痛苦会随着时间慢慢消退，但是每件事情中如果没有找回遗失的那部分人格，就也渐渐远离了真实的自我。这些事情可以理解为创伤性事件。

记得2016年在逻辑思维北京分会跨年演讲上我曾和大家分享过：“过去的我从不敢努力学习，因为我特别害怕如果我努力学习后学习成绩仍然上不去，那岂不是更惨！”会场上发出阵阵笑声。

是这样的，很多事情我们之所以充满了担心是因为对自己不够自信。就像是如果科比去投篮或许没有什么心理负担，但是我们如果去投篮可能要思考很多，比如评估自己过去的球技、自己有没有运动的天赋！我们长大了、我们成年了，不再像小时候对任何事情都充满好奇心，对什么事情都想要去尝试，对于自己想要的东西敢于大声地说：我想要！现在的我们，做很多事情都会有顾虑，就算是自己特别想做的事情，也在试图说服自己放弃，我们的人生甚至都不受自己控制。

或许是曾经的我痛苦了太久，经历过无数个日日夜夜的自责，一遍一遍怪自己不够好、不够优秀，内心对于想做事情的呼唤也日日增强，终于有一天冲破了自责，冲破了给自己画的圈、给自己设的限，然后粗暴地将自己推出去，也好奇自己接下来会如何走向，于是这才踏出了改变的第一步。

不管是你自己推自己一把还是有人推你一把都是好事

如果你做了自己魂牵梦绕的事情，甚至没有人给你发工资都每天带劲地去开工，那或许是你的天赋所在。

“你总不能雇人来为你做俯卧撑。”

很多事情是要我们自己去亲自尝试和开拓的！也只有我们自己才能解开人生曾经自己给自己设的限！

我们关注一些偶像名人，是因为他身上某些特质或者他的生活有我们向往和想拥有的，我们被他们的灵魂所吸引，这些都是好事，起码人生前行的路上有了些方向。

我们要去实现自己的梦想，去自己想去的地方！不管有多难会遇到多少困难，那都是我们需要经历的，也都是一种收获和成长。

不要活在别人的世界里，去把自己的小日子过得越来越带劲吧！

只要脚步不停，生活会让我们成为曾经想成为的人！

这才是我们存在的意义！

2017 年 1 月 3 日

他们都在做自己喜欢的事情

人生并不像一年四季那样分明，40 岁的相扑选手就算老，但 50 多岁的政客还会被称为菜鸟，很难确切区分多少岁算是老人，我们必须自己决定自己老了没有。

——北野武

2016 年初我辞职决定开始自由职业，为了节省开支我从北京南三环搬到了昌平的平西王府，这里是个村子，像这样的村镇北京有很多。从天通苑那里坐公交车坐到头就到家了，来北京这么长时间我第一次感受到了什么叫挤地铁，有时候光是等待在地铁门口就挤得水泄不通，等待坐地铁的时间比坐地铁的时间要多很多，如果拍一部电影从空中辐射那镜头一定很壮观。我住的地方早晨五六点已经有人去公交站那里排队了，晚上下班高峰也是每趟车挤得甚至连站立都困难。每个在北京生活的人都懂得这份辛酸，甚至不用多说用眼神就明白彼此经历过的事情，多少有些相似。那阵子晚上坐公交车到家，路口处会路过一家美容店，全粉色的门面让人忍不住多看几眼。我这个对自己的外在向来没有过多花心思的人偶尔也会留意一下，但是也会心里打个问号觉得即使要做美容也要去个环境好一点的美容店吧！还是要对自己的脸负责。于是就这样一直没有走进这家粉色可爱的小店。有阵子《四点钟起床的猎头》要上市了，我需要拍几张照片配合宣传，于是约了一位摄影师定好时间准备拍照，那时我头发已经剪短，这附近一共就三家美发店，每家我都尝试体验过，正巧拍摄的头天需要做造型，于是我走进了那家小门脸的美发店。正做着造型的时候，门口进来一位个子小小的顶着一头波浪卷的女孩。

“呀！头发做完真好看，看着好洋气！”

“嗯，是呀，我把头发的卷给她做的多卷一些，睡一个晚上明天就看着自然多了！”

给我做造型的姐姐和卷发女孩说着。

“最近来店里减肥的男孩一会过来吗？”

“嗯！他减的挺好的，一会准备过来！”

她们俩在随意聊天着，女孩子一般都对吃啊、减肥啊之类的信息特别感兴趣，于是做完了造型我第一次走进了这家粉色的美容小店决定去看看。后来才知道卷发女孩名字叫若含，看着个子小小却皮肤很棒的女孩已经35岁且有一位可爱的女儿。做美容的肯定对自己的脸特别在意，看来在哪里耕耘哪里就有收获的道理永远都不会变啊。就这样点滴日子的相识，我在这个陌生的地方有了一个认识的邻居，这种感觉真的很好。生活中多了一个偶尔还能一起说说话，一起吃个饭的邻居。这里是北京，不需要铺垫太多过往的曾经，彼此说的话就能听得懂。这个叫若含的女人做美容美发有20年的时间了，1998年入行一直到今天都在做着自己喜欢的事。有次她一边笑着拉着自己的头发，一边和我说7岁时就自己去美发店烫头，自己也尝试洗头前用发卡把头发一圈圈别在头发上然后第二天打开满头都是卷就超级开心。她说她非常喜欢自己的工作，这份美丽的事业可能会做一辈子。我的眉毛是若含给我做的。记得那天下午，她光是对比两个眉毛的眉形比例和大小就用了很长时间，左看右看，连我都快不耐烦觉得她设计的我已经很满意了，说快点开始弄吧，赶快弄完我好回家！可是这位姐姐真是工作狂，一件事情必须要做到她认可的完美才肯罢休。就这样在她认真一番后我有了一对漂亮的眉毛，对于我这种不会化妆的妹子来说实在方便省事。记得她和我说过，眉毛这活看着容易但是充满了不容易和手艺，很多刚入行的妹子姨妈都不正常，因为压力太大了，这可是在人脸上画画，如果做得不好可不是随便开玩笑这么简单。记得她之前去进修的时候赶上要一边哄孩子一边学习，所以经常画眉练习努力到凌晨一点以后。而且隔一阵子眉形的时尚风就会有变化，她偶尔会去一些时尚街区静静坐下观察人们的眉毛形状。也会看韩剧，观察剧中角色的眉毛进行学习。我问她都看了什么韩剧？她不记得名字也从没认真看过这些电视剧，她只关注里边各位角色的眉毛！不过让我想起了《寿司之神》里面追求极致，绝不妥协，寿司之神的工匠精神。时间是公平的，在哪里倾注了投入了什么才能收获什么。

记得我初中的时候会省下压岁钱去买书来看，虽然没有用钱买别的，但是有了一本书就仿佛打开了一个世界。我对书的热情和喜欢的热度一直持续到了今天，甚至幸运地出了一本书，而若含对美丽手艺的追求也是经历了很多日日夜夜。她 1998 年开始进入这个行业，2003 年在山东开了一家自己的店，2008 年将自己的店转让出去，和男朋友一起去卖挖掘机，那几年这份工作很赚钱，让他们赚到了一笔足够可以开始很好生活的财富。但是做了两年她还是回到了自己熟悉的美容手艺行业。那份工作是很赚钱，但是比起要经常面对复杂的人际关系现在简单幸福的小店老板生活更让她自在。2016 年，她的宝宝已经 3 岁了，终于可以复出做自己的小事业了，起步迈得很稳，这边的房租租金不是很贵，所以她把店稳稳地开在了这里。目前找她做眉毛的客人也经常络绎不绝，还增添了新的减肥项目。我问她未来有什么规划和愿景吗？她笑笑说：“其实我也没有太大的追求！只想把我妈妈和女儿安顿好就行，自己倒是无所谓啦！”

“青春不老的秘诀是和热爱的事儿待在一起！”这是我最近在看燕子的《何必等来生》中看到的一句话。我相信这世界上有很多人他们都在做着自己喜欢的事情，不管外界有多吵有多浮躁，只要和自己喜欢的事情待在一起就十分美好，如果能一边做自己喜欢的事情一边赚钱那应该就是幸福的人生了吧！

我表哥的大学是在湖南上的，专业是法语，当年从我们市考出去让我们几个弟弟妹妹好羡慕。前阵子有一部热播剧《翻译官》，我看了几集，觉得法语听起来很优美清脆，想起表哥和嫂子从校园爱情发展到一对小夫妻的爱情佳话。他们都是学法语的，在一次舞会上跳舞而一见钟情，毕业后表哥去国外工作实习一年，赚了一桶小金然后两个人把家安在了大连，过着平静幸福的小生活。我偶尔会和我嫂子聊聊天，因为我们的爱好和价值观还是比较相似，她也喜欢缝纫和美食。有一次无意的聊天中，得知她已经辞职在家专职玩缝纫刺绣了，这让我很震惊。她之前的工作是在留学中心帮助一些留学生解答一些问题，两个人虽然买了房子但是每个月还需要付房贷，留学中心的工作加上表哥的工作生活还算安稳，现在听说她已经辞职在家专职缝纫刺绣，想必下了很大的决心。于是从朋友圈以及和她的聊天中知道了这个小妮子已经开始折腾，开始创业生活了：

去图书馆借了很多缝纫的书回来看。

每天扎扎实实地练习手工刺绣和缝纫。

在刺绣的线上也采购比价好的法国进口线和面料。

自己内心开始有了开店开班的梦想。

她说：“我觉得我没有退路了，会一直做下去。”“现实世界物质太丰富，感觉自己做东西很有意义！”然后我知道了她小时候就自己做毽子，给狗狗做吊床玩，看来这个是她一直以来的爱好。并不是我们看到的一冲动就决定干，是经过深思熟虑后的决定。隔段时间我去她的朋友圈看，有很多精美的刺绣图案作品开始源源不断地放出来，有成品也有半成品，我把她的包包拿给我的朋友们看，她们都觉得美翻了，绝对是一个心灵手巧的妹子。又会说法语，又刺绣缝纫这么有天赋，这应该就是我身边的女神代表吧！

有天在微信上她给我留言："我买了几张背景纸，过几天到货，拍好图片后我发给你哈，挂在你微店里试卖怎么样？"我回复："好！我为你写篇文章然后链接包包。"就这样我们形成战略合作，能够把她的故事讲给身边人听我也很自豪："这是我蕙质兰心的嫂子，她的手工很棒，她做的包包都是纯手工上边的，花都是手绣的哦！"每次我都会这么自豪地和别人说起！

嫂子虽然在做着自己喜欢的事情，但是这背后也有很多的不容易。一方面缝纫刺绣要自学，一方面要顶住家里人的压力，毕竟刚开始还没有盈利，在开始一个未知领域和刚开始创业都是比较艰难的，理想很美好而现实往往不那么友好，需要解决一个又一个问题。不过即使这样每次和她聊天还是感觉活力满满，能量十足，这大概就是做自己喜欢事情的魔力吧！

"到高处看一次城市夜景。"这是我梦想成真清单中的一个。

一直以来看电视剧里的一些桥段大多发生在天台，于是对楼顶有了兴趣，不知道那些场景是怎么被剧组找到的，总是有种画面的代入感，终于有一天我这个奇怪的想法找到了组织。我认识了一位新朋友，他叫吴迪，去过全世界30多个国家，回到北京后发现其实家乡也有一些美丽的景色不被人发现，最重要的是他不是自己玩也有心思带别人玩。我是在面包猎人上看到他的信息，还记得那次活动的名字"带你来一场楼宇之巅的探秘"。他在面包猎人上叫无敌爱与和平，是一个很会玩的人，是那次夜爬活动的领路人。那次经过一番折腾，我们几个人顺利地爬到了一个居民楼的最顶端。

上来后，我被北京的夜景震撼了，那样的灯火通明、闪闪发着光。吴迪说北京的楼比较四四方方，不像香港的楼又高又苗条，所以如果在北京楼高一点就挡住了后边的楼，所以夜景看着就没有视野感。由于我也没去过香港也没见过香港的夜景，所以觉得此刻的北京夜景也格外美丽。还有一件令我很震惊的事情，由于我们在一座居民楼的楼顶天台，四周没有防护栏，他可以在楼顶边缘来回漫步，这到底是怎样有勇气的人呢？我们连坐在楼边照张像都要挣扎半天，往下看一眼都会心惊胆战，他居然敢沿着楼顶边走步，那时我便知道他一定是个有故事的人。后来我们成为了朋友，在一次吃饭聊天中知道这位勇敢冒险家的一些旅途故事：

在北极裸过泳；在因纽特人小镇沐浴过极地暴风雪；在阿拉斯加的荒野里追过极光；在西伯利亚的冰面上睡过午觉；在东京skytree撞见过陈冠希；在亚马逊雨林钓过食人鱼；串过里约热内卢的贫民窟；走过背包客的天堂Jericoacoara；两次徒步穿越英国130公里的无人荒野；在心里最美的N个悬崖边搭帐篷过过夜；骑车穿行过立陶宛的Curonian Spit；也在北欧过过梦想中的另一种生活。他用自己喜欢的方式在探索着这个世界，向往着流浪和远方，探过无数次的险，走过30多个国家几百个城市。他曾说过：“我相信少有人相信的奇迹并付之行动，喜欢走少有人走的路，喜欢做大多数人不敢做的事，喜欢挑战大多数人不爱挑战的极限，实现着大多数人不看好的梦想，执着于很多人不相信的信仰。”

这是我身边最喜欢冒险的和旅行的一位朋友，你可能觉得他肯定家境富裕，不然总出去玩没钱的人可不行。其实他和我们一样是个上班族，但是每年的假期都被他利用得很好，一般国家的旅游景点基本上不去，喜欢去发现一些不为人知的独特风景。记得有次一起吃饭，他加班到晚上八点多，听说前一天熬了通宵工作。我笑着说：“我以为你的生活只有诗和远方呢！你还要工作呀！”

“没有工作哪有诗和远方啊！”他淡定地回应。“有的人追求生命的宽度，有的人追求生命的深度。”我问他：“这么多次旅游，最让你感动的一件事情你还记得吗？”

“我觉得没有最吧！因为感动的事情太多了，当你人生特别丰富之后，你会发现让你回忆人生最精彩的100个时刻，你真的不知道应该选择哪个，因为它们很难比较哪个更难忘。”

他想在2017年学习跳伞，未来想在40岁的时候登珠峰。这个喜欢走少有人走的路的大男孩努力实现和创造着许多想做却不敢的事情。每当遇到这样的人出现在我的世界里我都会驻足观望一会，感觉他们特别的闪亮，身上会发着光。不管生活待他们如何，他们都在用尽全身所有的力气去争取和保护自己想要的生活、做自己喜欢做的事情。

去做自己喜欢的事情吧！这句话虽然也是一句经典的鸡汤语句，也被无数的人写过和引用过。不管是鸡汤还是鸭血这确实是很多人找到自己，找到幸福大门的钥匙。唯有做自己和做自己喜欢的事情、过自己喜欢的生活才是最幸福的人生。或许这中间也会遇到很多艰难险阻，但是努力挣扎努力解决一个又一个问题，不是也成就了充满智慧和有故事的自己吗？！

活出你该成为的人

缤纷的马戏团里，有许多身材巨大的动物，比如狮子、老虎、大象、熊，它们原本是森林里的兽性十足的动物，但是由于从小生长在马戏团里渐渐忘记了自己本来的样子。大象，粗壮的身体，有巨大的力量，在它没有表演的时间里，一根麻绳把它和一个木桩轻轻拴住，于是大象就会很温顺地在这范围内活动。不表演的日子里三餐及时，连交配的对象人们都帮他准备好，在这个温柔的监狱里它彻底忘记了曾经在草原上自己的样子。因为在它小的时候，人们用粗大的铁链困住它，它一次又一次地想要逃脱，腿上被铁链磨出鲜血，腿上的疼痛提醒它这么做没有用，于是它无奈地放弃了逃脱。在接下来的日子里每日有固定的食物，只要做出人类满意的表演，就会得到奖励。而随着年龄的增长，当初那根铁链被换成了一根细细的绳子，即使它每日都有机会获得自由，但它仍然乖乖地在绳子所限制的范围内活动，它早已经忘记了自己的身体在一天天生长，它早已经不是当初那个弱小的自己，身体是从前的几十倍大，力量也比之前增强了几百倍。

听完这个故事有没有很触动呢？我在一本书上看到这个故事后给我带来的影响很大。

我们许多人都是那只大象，而绑住你脚上的那条绳子是什么呢？

人类生命里的制约可能是因为曾经历过的一件小事，当时我们因为那件小事而痛苦，就像大象腿上铁链曾经带给它的痛苦一样，在我们内心深处留下了深深的烙印，以至于往后的日子里再碰到和铁链相似的东西都会害怕。长大后遇到很多现实问题，如面对那根铁链一样，我们习惯性地退缩，哪怕是细细的绳子也不敢再一次地挣脱，因为当时腿上心上带给我们的伤害还历历在目，哪怕你的身体智力能力都已经是以前的几十倍几百倍也都温顺地待在细绳子所限制的范围内。

平时写作的生活里我经常收到读者的来信，他们的困惑许多都是很简单的问题，然而很多人都如那只大象一样忘记了自己的力量，被现实中的某个困境所捆绑。如果你再次遇到一些现实的问题，请向内看看究竟是什么绑住了你。每个孩子刚出生的时候都是一样的，拥有勇敢和好奇心，只是一点一点为了得到爱为了安全的存在，他们在父母面前越来越远离真实的自己，渐渐地离自己越来越远。

有个严厉长辈的孩子从小得不到鼓励和赞美，于是在极度渴求下，要求自己做到尽善尽美，要求自己有完美的心，不断地苛责自己，虽然这个孩子可能成绩优秀，是父母眼中的乖宝宝，但是也因此活得很累很辛苦。

有一种孩子，他从小就知道扮演得很乖巧很讨人喜欢，他才会被家长和周围的人注意，所以为了得到爱和关注，总是追求认同，总是帮助别人。

有一种孩子，他早年身边有非常疼爱他的长辈，经常给他鼓励和赞美，因此小小年纪就相信自己很优秀，为了得到这份夸奖满足，非常努力地去争取让自己优秀。长大后他们虚荣，急功近利，甚至为了成功不择手段，活得如行尸走肉，早已经忘记自己，在扮演的角色上入戏太深。

有一种孩子，他小时候曾经快乐享受过愉悦的日子，却因为家里突然状况改变，使他们从幸福美梦中惊醒，所以他们害怕再失去快乐，只要抓住快乐就无妨，也会被快乐的事情吸引。

人与人之间最大的区别在于心智、思维、态度，若是心智上昏迷指数从 10 恢复到 5，进行在话语和行动上改变，生活也将焕然一新，人生的剧本也不会没有意识地任其漂流。

改变从觉察和灵魂的觉醒开始。灵魂的觉醒是要和自己活在一起，活在当下。时间远比我们想象少得可怜，大部分人能活到 80 岁，很多人很多年里都不知道自己在干什么，环境的影响，父母的影响，多年来填鸭教育的喂食，我们习惯了被牵着走，被绑架着走，任由自己随波逐流。当你灵魂开始觉醒时，准备活出自己，即使痛过爱过受伤过，那也证明我们曾经活过，有知觉，活得像个人。如果一个人自己都不爱，没有为自己活过，又怎能学会爱别人。而觉察洞察就是改变的第一步，任谁能 24 小时观察自己在做什么？即使是摄影师也不过是外在的记录，自己内心的变化触动，面对问题的思考方式，唯有自己是最清楚的。

曾几何时我就是那个随波逐流的人，我大多数时间也不知道自己在干什么，在说什么，在吃什么，想表达什么，也没有什么目标，有时候和一个人聊天完甚至不知道为什么要找他聊天，到底想表达什么呢？说白了，就像个傻子一样吧！在父母面前也是扮演着好好孩子，不闯祸不逃课，永远都按时按点回家，学习也不知道为了什么。当我进入社会的最开始还是社会累赘时，才幡然醒悟，原来自己那么多年都如一个游魂一样随风飘荡。检视自己的一言一行也让我大吃一惊。有时候不禁惊奇：“天哪！我当时为什么要说那句话？我在一群人中表现是那个样子的？我当下做的事情是为了什么呢？”

如果你也曾和我一样与自我远离很长时间，没有关系，我们一起把本来的你找回来。你的勇气、你的力量远不止现在表象看到的，我们要成为自己的主人，像那只大象一样认识到自己早就拥有的力量，挣脱枷锁，回到草原上自由地生活，哪怕只是一天也算是活过，不是吗？

无论你现在正在经历着什么，正在痛苦什么，正在被什么制约，都请不要忘记自己本就拥有无穷的力量，卸下内心沉重的包袱，请勇敢地向内看伤痛曾经带给自己的影响，发现自己的制约枷锁，拾起你本该就拥有的无穷潜力和天赋，去活出真正的自己，去活出你本该成为的人。

没有黑暗怎会知道清晨那么明亮

没有黑夜怎会衬托出阳光的明媚

没有迷茫彷徨怎会知道平静豁然带给你的力量

没有苦怎会品尝到甜的美味

没有左哪有右，没有上哪有下，没有高哪有矮，没有胖哪有瘦

没有过去迷路的你怎会有未来精彩的你

感谢生命里所有的伤害、无助，它们让你走上灵魂觉醒的路，生命也会变得充满意义，拥有一切的可能性！

我与神的对话

我看了《与神对话》的电影，也看了《与神对话》的书，觉得神很不公平，明明我和作者尼尔·唐纳德·沃尔什都是他创造出来的，我也在纸上写出问题，神怎么就不和我对话呢？难道是我没有作者惨吗？要多惨才能与神对话呢？

仔细阅读《与神对话》的每个字，试图找到答案。原来神的信息会以百种形式、在千般时刻、贯穿亿万年而传达，如果是这样，那我也冥冥中得到了神的答案，不是也与他有了对话吗？

“神，我怎样才能变成苗条纤瘦的自己？为什么美食和苗条不能兼得呢？胖让我很痛苦！”

“你厌恶某样东西，意味着你认可它是真实存在的。厌恶某样东西的行动是赋予这样东西生命的行动。当你厌恶某种能量，你就让这种能量出现，你越是厌恶，你就越让它变得真实，无论你厌恶的是什么。你要换个思维，所有思维都是创造性的。改变的第一条是学会接纳自己！”

“神啊！我的男神何时出现？如果我一直等待灵魂伴侣你会安排我孤独终老吗？可提前剧透一下剧本吗？”

“这个事情要问你们中国的月老！你能问点有意义的吗？”

“原来你会开玩笑是真的！”

“当然，玩笑是我发明的！”

“我遇到的所有坏事都是我自己选择的吗？”

“你们是大型创造机，你们不停地变出新的物质现象，其速度之快，与你们能都想到的一样。事件、事情、事务、环境、景况，这些全都是由意识创造出来的。个人意识的力量就足够强大了，所以你想想，那么集体意识呢？人世间没有受害者，也没有迫害者，你也不是被人选择的受害者。从某种层面上来讲，你厌恶的东西其实是你自己创造的，创造了它之后你便选择了它。这种思想境界很高，所有大师迟早都能达到，因为唯有承担起一切恶果的责任，才能获得改变部分恶果的力量。别批判，别责怪，请记住：你责怪的将会责怪你，你批判的，将会成为你自己。”

“为什么我问的问题你都没有回应呢？我何时才能开悟呢？”

“你可以提出问题，然后放下问题，去观察去聆听。下一首你听到的歌舞歌词，下一篇你读的文章里的信息，下一部你看的电影情节，下一个你遇到的人的闲聊。或者下一条河流、下一片海洋，下一阵拂过你耳边的和风的低吟，所有这些都是我的工具，所有这些地点我都能去到。如果你愿意听，我将会与你说。如果你愿意邀请我，我将会来找你，到时候你会看到，我一直都在。”

“我何时才能平步青云？不再经历那么多磨难？我何时才能赚到人生第一桶金呢？”

"当你选择让生活平步青云的时候，生活就会平步青云。目前你还没有作出这种选择，你曾拖延、搁置、耽误、反对作这样的选择。现在是你执行和制造你曾获得的承诺的时候了，为了做到这一点，你必须相信该承诺，并且去施行它。你必须践行神的承诺。人世间没有受害者也没有迫害者，唯有关于事物思维的后果，你不是想让生活平步青云吗？那么请改变你关于生活的观念，改变关于你自己的观念，以神的身份去思考、言说和行动。首先树立你自己的最高观念，设想每天依照那个观念生活之后你将会是什么样子，设想到时候你的所思、所为和所说，以及你应对其他人的行动和言语的方式。你的生活一半是在无意识中度过的，要求你停止这种无意识的呼吁，这是你灵魂自从有时间伊始要求你完成的艰巨任务。

正是关于你这种状态话语：'我真穷''我身无分文''我什么钱也没有'等，决定着你在贫穷的状态中停留多久，正是围绕这种状态所采取的行动自怨自艾，坐以待毙，从来不去寻找解决方法，因为'反正也没有用'，创造了你长久以来的现实。你要明白，所有的状况都是暂时的，没有不变的东西，没有静止的状态。"

"啊啊啊！难怪我穷了这么久！"

"啊啊啊！所以你要从思维开始改变啊！"

"为什么我做什么事情，都无法摆脱提心吊胆呢？"

"嗯，其实你不用担心。但小心点对你们有好处，只要你注意你现在的身份、你正在做的事情，你如今拥有的东西，并看看它是否对你有用就可以了。生活的意义不在于抵达任何地方，而在于发现你在那里，向往的那里，已经在那里。你永远处在纯粹的时刻中，因此生活的意义就是创造，创造你的身份和本质，然后去经验它。"

“生活为什么会有那么多可怕?”

“生活中没有什么可怕的，前提是你不执着于结果。”

“我现在在创业，条件特别艰苦，曾辛苦写的一本书《四点钟起床的猎头》，并没有成为畅销书，但是我也没抱太大希望一定要成为畅销书啊！只是很多现实的困扰缠得我够呛，虚无的哲学空间，神的空间我怎么进入呢?”

“每当你遇到困难，你往往会忘了你的身份，以及我赐予你用于创造你所选择的生活的各种工具。你现在比以往更加需要进入你的神的空间，它能给你的精神带来伟大的安宁，安宁的精神是伟大的观念的来源，而那些伟大的观念能够解决你认为你遇到的最大的问题。当你进入神的空间，你将会认识和了解到，你现在经验的一切都是临时的。你可以用当下的这些景况的真实属性来定义它们：临时的，短暂的，接着你可以把他们当作用来创造当下的经验和工具，因为它们本来就是临时的短暂的工具。”

“为什么我有时候会尴尬呢？有时候当众发言会脸红怯懦?”

“尴尬是仍然在意别人如何看待自己的人才会有的反应。你要让自己摆脱那种心态，不妨换个新的反应，不妨哈哈大笑。”

“我怎样改变我的思维呢？我知道如果心智思维有变化人生就会不同!”

“改变根基思维或者诱发观念的最快捷方法是颠倒思维——话语——行动的过程。想要你拥有的新思维所涉的行动，然后说出你想要拥有新思维所涉的话语。经常这么做，做得足够多之后，你将会训练头脑以新的方式思考。你以为你头脑中现在拥有的这些思维是从哪里来的？难道你还不明白你现在的观念是世界灌输给你的吗？你的头脑由你自己来控制难道不比由世界来操控好太多了吗？去思考你想要思考的思维难道不比去思考别人的思维好得多吗？拥有创造性的思维难道不比拥有反射性的思维好的多吗?

然而你的头脑中充塞着反射性的思维，来自别人的经验的思维，在你的思维中，源自你自我制造的资料很少，源自你自我制造的偏好就更少啦。”

“神啊！什么是活在当下？”

“你们中国的佛家谈到佛陀能在第一次看到一朵鲜花和第五百次看到时有同样的惊喜，我们称这个能力最好的解释了——活在当下。”

“怎样才是接纳和欣赏生命中当下？”

“你们中国有一则老子的传奇故事，老子倒骑着青牛进城，不去猜测前面有什么，而是让一些风景自然地倒着在眼前出现，也因青牛是慢慢走着，风景也是慢慢自然地出现在他眼前，出现什么接受什么就看什么欣赏什么，能够接纳、欣赏，能够和这个世界每一个真实的发生，每一个存在在一起，不排斥不批判，如其所是地去看，去欣赏。”

“我的神啊！你认识月老吗？我的男神在哪一年出现呢？我能冉问一句当真爱来临时该如何分辨呢？”

“我的孩子，你的男神何时出现取决你何时打开自己，做你自己自然会吸引到同样质量的灵魂。而真正的爱是没有操纵的，在一个真正爱你的人心中，世界上没有任何一样东西的价值超过你的存在。没有牺牲没有控制，在真爱中只有敬重及真正的接纳，去接受你就是本来的样子。”

“谢谢你！我的神！我会试着从各处寻找你回答我问题的答案。”

“也谢谢你，因为你让神再次有发言的机会，并在你心里给神留了一块地方。请记住，你向来是最好的，有时你会忘记这一点。我将永远爱你，无论是现在，还是遥远的未来，我永远与你同在，以各种各样的方式。”